Wolfgang Dreyer

Vögel
rund ums Haus

Expeditionen in die heimische Tierwelt

Weltbild

Für alle Neugierigen

Das spannende Leben der Vögel hat uns Menschen zu allen Zeiten interessiert. Leonardo da Vinci versuchte als Erster dem Geheimnis des Fliegens auf die Spur zu kommen. Konrad Lorenz entdeckte das Phänomen der Prägung von Vogelküken auf ihre Eltern. Und auch in der heutigen Forschung bieten Vögel immer neue Überraschungen. So gibt es in Europa Goldammern, die zwei Sprachen sprechen. Eine nördliche Gruppe singt „zi-zi-zi-ty", die südlichere eindeutig mit einer Endsilbe „tysiäh". Beide versuchen sorgfältig ihren Lebensraum zu trennen. Überaus erstaunlich auch, welche ungeheuren Flugleistungen Vögel vollbringen können. Viele Gartenvögel ziehen jährlich weit nach Afrika und zurück. Und wer ahnt schon, dass ein häufiger Gartenstrauch diesen Flug erst ermöglicht? Erstaunlich auch der feine Magnetsinn der Vögel. Wussten Sie, dass sich ein Rotkehlchen mit feinsten Farbpartikeln im rechten Auge wie mit einem Kompass orientiert?

Dieses Buch ist für alle Neugierigen geschrieben, die sich von nun an mit den spannenden Geheimnissen der Vögel rund ums Haus befassen wollen. Es ist ein Buch für Anfänger und dennoch enthält es die neuesten Forschungsergebnisse. Diese sind in kurzweiligen Geschichten zu den rund 80 Vogelarten, die in Menschennähe leben, erzählt. Sie sind auch für Jugendliche und Kinder verständlich. Denn wir wissen, dass gerade Kinder voller Neugierde auf die Natur sind. Viele große Naturforscher fingen als Vogelbeobachter an. Nirgendwo besser lässt sich damit beginnen, als mit einem Blick in das Leben der Vögel rund ums Haus.

Dr. Wolfgang Dreyer
Zoologisches Museum
der Universität Kiel

Juli 2007

Inhalt

Brutzeit im Garten: die ersten Kohlmeisen sind geschlüpft. Ein Naturerlebnis in der Nähe.

Rauchschwalben im Haus galten früher als Glücksbringer.

Naturerlebnis auch im Winter: Blaumeisen sind eifrige Besucher des Futterhauses.

Wie Noten aufgereiht sammeln sich die Jungstare zum Herbstzug.

Vogelstimmen lernen – ein schönes Hobby.

Vögel erleben

Das Lied der Amsel: Melodie des Frühlings.

Kernbeißer fliegen auf Beerensträucher.

Jeder von uns freut sich auf diesen Moment. Nach dem langen Winter klingt morgens wieder ein Vogellied: Die Amsel singt. Die Frühlingsboten aus dem Reich der Vögel sind uns stets willkommen und sie bleiben das Jahr über in unserer Nähe. Viele Arten kommen auch hinzu, sie kehren mit dem Frühling aus den Winterquartieren zurück. Von den rund 230 Vogelarten in Mitteleuropa leben etwa 80 rund ums Haus. Sie sind da, weil unsere Wohnlandschaften für sie ideal zum Brüten sind. Die Häuser mit senkrechten Wänden und Nischen sind für Felsenbewohner ein perfekter Ersatzbiotop, zum Beispiel für Hausrotschwanz, Mauersegler, Mehlschwalbe. Unsere Gewohnheit, Gärten anzulegen mit wintergrünen Büschen und Bäumen, mit offenen Flächen und Wasserstellen, lockt viele Vogelarten an, die halboffene Landschaften bevorzugen. Charaktervögel dieser Landschaften sind Amsel, Singdrossel, Rotkehlchen und Fliegenschnäpper. Die wichtigste Komponente für ein reiches Vogelleben in Menschennähe ist ein reichhaltiges Nahrungsangebot. Viele Vogelarten sind im Frühling Knospenfresser, während der Brutzeit Insektenverwerter und im Herbst Früchtefresser. Gerade die häufigen Gartensträucher wie Holunder, Schneeball, Weißdorn oder Ebereschen sind für viele Vogelarten rund ums Haus die Voraussetzung, einen weiten Zug nach Afrika überhaupt zu überstehen. Ein abwechslungsreicher Garten ist ein Biotop für Vögel. Dieser Lebensraum lässt sich so gestalten, dass er zum Erlebnisort für Naturbeobachter wird.

Vögel beobachten

Keine Tiergruppe ist heute so vielseitig untersucht worden wie die Vögel. Und dennoch sind viele Rätsel ungelöst. Wie finden die Vögel in unsere Gärten? Welche Arten leben wie zusammen, wie nischen sie sich beim Brüten ein und wie erkennen sie, welches der richtige Brutplatz ist? Haben sie ein besonderes Gedächtnis, weil viele Arten nach erfolgreicher Brut im nächsten Jahr an den gleichen Ort zurückkehren? Zu diesen Fragen haben Hobbybeobachter viele Hinweise geliefert. So stammen die Erkenntnisse, dass die Klimaveränderung Zugvögel früher in unsere Gärten zurückbringt, von Vogelbeobachtern, die in ihrer Freizeit nach den gefiederten Mitbewohnern sehen. In vielen Haushalten stehen Fernglas und Spektiv am Fenster griffbereit.

Gartenvögel bieten ständig Neues. Grünfinken beginnen in den Thujen mit dem Nestbau, der Zaunkönig fliegt regelmäßig bestimmte Singwarten an, um sein Revier mit einem schmetternden Lied abzugrenzen. Der Sperber hat eine Vorzugsrichtung für seinen schnellen Suchflug zwischen den Häusern. Und auch der Storch gibt jährlich neue spannende Fragen auf. Wann trifft er dieses Mal ein? Vogelbeobachtung ist eine Lebensaufgabe. Und wer der Vogelbeobachtung erst einmal verfallen ist, wird diesen Virus nie mehr los. Richtig schön wird dieses Hobby, wenn man sich entschließt, ein Vogeltagebuch über Jahre zu führen. Dann bekommt man Antworten auf viele Fragen durch eigene Forschung: Ist der Buchfink in diesem Jahr der häufigste Vogel bei mir? Wann beginnt der Hausrotschwanz morgens sein Lied zu singen? Oder: Brütet das Rotkehlchen wieder im alten Holzstoß?

Der Hausrotschwanz brütet gerne auf den Balken im Carport

Der zutraulichste Vogel im Garten: Das Rotkehlchen.

Aus Beobachtung wird Zuneigung

Kurz nach dem Mähen rennt die Singdrossel über den Rasen und sammelt die jetzt leicht erreichbaren Schnakenlarven auf. Und beim Unkrautjäten sitzt plötzlich ein Rotkehlchen hinter uns und schaut uns mit großen runden Augen an. Manche halten diesen Vogel für etwas kurzsichtig, weil er gar so zutraulich ist. Doch dieser Beweis ist wissenschaftlich nicht erbracht.

Dennoch wissen wir, dass gute Futterquellen in Dorf und Stadt häufig die wichtigsten Anreize für Vogelarten liefern. Unsere Landschaft hat mit der Intensivierung der landwirtschaftlichen Produktion kaum noch Vielfalt an Insekten, Sämereien oder früchtetragenden Büschen zu bieten. Die Ersatzbiotope sind heute Parks

lassen. Unsere gefiederten Freunde wissen offensichtlich besser, wie sie mit unterschiedlichen Nahrungsquellen umzugehen haben. Wir können und dürfen ihnen also ohne schlechtes Gewissen unsere liebevolle Unterstützung ganzjährig angedeihen lassen.

Doch Nahrung ist nicht alles. Der entscheidende Faktor für ein erfolgreiches Weiterleben ist die erfolgreiche Brut. Es fehlen in unserem Lebensraum an allen Ecken und Enden geeignete Brutstellen. Wir brauchen mehr Nistkästen für Höhlen- und Halbhöhlenbrüter, wir brauchen mehr große Nistkästen für Eulen und Käuze. Und wir brauchen deren regelmäßige Pflege. Dieses Buch stellt auf den entsprechenden Seiten viele Möglichkeiten vor, Vögeln biologisch sinnvoll zu helfen.

Nistkästen aufhängen und einmal jährlich pflegen ist praktischer Naturschutz.

und Gärten. Was können wir tun, um den 80 Vogelarten in unserer Nähe weiter zu helfen, ohne dabei die übrigen draußen in der Landschaft schutzmäßig zu vergessen? Peter Berthold hat nach lebenslanger wissenschaftlicher Beschäftigung mit vielen Vogelarten ein Konzept entwickelt, Vögel ganzjährig mit Futter zu unterstützen. Diese Fütterungsaktionen mit einer Vielfalt an Angeboten von Sonnenblumenkernen und Rapssamen bis zu ausgelegten Früchten sind mit Sicherheit eine wertvolle Hilfe. Befürchtungen mancher Tierschützer, die Vögel würden dadurch verwahrlosen und nicht mehr ihre Energie darauf verwenden, geeignetes Futter zu suchen, haben sich nicht bestätigen

Neue Vogelbilder

Ein Garten, ein Park, der Schuppen, der alte Holzstoß und die Hecke sind nicht nur attraktive Brutplätze für Vögel. Es sind auch die besten Plätze für die Vogelfotografie. Selbst aus dem Küchenfenster, vom Balkon oder einfach ruhig im Garten sitzend, lassen sich aufregende Vogelfotos machen. „Brauchen wir denn noch welche?", fragen häufig Naturfreunde. Ein klares „Ja". Wer die Bildarchive zahlreicher Tierfotografen durchsieht, stellt Erstaunliches fest. Dort wimmelt es von Aufnahmen seltener Situationen. Aber Bilder aus dem Alltag häufiger Vögel sind Mangelware. Wie sieht das Familienle-

ben der Sperlinge aus? Was trägt der Hausrotschwanz im Schnabel zum Nest? Lässt sich „meine" Amsel individuell erkennen? Bei den Vögeln ums Haus fehlen tatsächlich die einfachsten Alltagsbilder. Leicht sind sie nicht herzustellen. Selbst wenn die neue digitale Fototechnik ungeahnte Möglichkeiten bietet, wird eines immer gefragt sein: Geduld. Und eines wird immer dabei herauskommen: die große innere Freude bei der Vogelbeobachtung.

Wenig scheu und auch aus der Nähe zu beobachten: brütende Amsel.

Kinder lieben spannende Expeditionen in die heimische Tierwelt.

Frühling

Die Blumen bringen die Farben ins Land, die Vögel den Klang. Von der Morgendämmerung bis tief in die Nacht sind ihre Lieder zu hören. Von einfachen Phrasen bis zu anmutigen Melodien reicht das Vogelkonzert. Jetzt können wir draußen die Welt der tollkühnen Flieger mit allen Sinnen erfahren. Der Frühling ist ein Konzert aus Farben und Tönen. Mit dem ersten Grün an Büschen und Bäumen beginnen die Vögel mit dem Nestbau. Kunstvolle Flechtwerke aus Wurzeln, Gräsern und Wolle formen die gefiederten Sänger allein mit einem einzigen Werkzeug, ihrem Schnabel. Überall herrscht rund ums Haus geschäftiges Treiben.

Die Rückkehr der Lieder

Ganz oben: Eine der ersten Sängerinnen: die Blaumeise.

Oben: Herbeirufer des Frühlings: der Kleiber.

Rechts: Porträt einer Kohlmeise.

Vorherige Seite:

Großes Bild:
Geschäftiges Treiben am Starenkasten: Futter im Minutentakt.

Kleines Bild:
Gimpel lieben saftige Blütenknospen.

Tipp > Vogellieder kennen lernen

Wer die vielen Gesänge der Vögel rund ums Haus kennen lernen will, sollte früh anfangen:

*Früh im Jahr und früh am Morgen. Am besten fängt man mit der CD an. Man präge sich **Kohlmeise und Blaumeise** ein, danach das Paar **Amsel und Singdrossel** sowie den Kleiber. Um den ersten April sind diese morgens draußen sicher bei einem Spaziergang zu finden. Die nächsten beiden Lernkandidaten wären **Zaunkönig und Rotkehlchen**. Danach **Grünfink und Buchfink**. Immer paarweise. Wer diese Vögel am Gesang erkennt, kann sich in das Stimmengewirr des Mais wagen.*

Wer den Anfang macht, ist gar nicht so leicht festzustellen. Meist beginnt die Kohlmeise schon an Januartagen mitten im emsigen Treiben ihr „zi zi bää" zu rufen. Wer genauer hinhört, kennt bald jede Kohlmeise persönlich. Denn jedes Individuum singt diese Zeile ein wenig anders. Es gibt auch den „zi bä zi bä"-Sänger unter den Kohlmeisen. Auch die Blaumeisen beginnen noch in Schneetagen mit ihrem Gesang, der nach „Tii tii tirrr" klingt. Ab Februar wird er deutlich lauter und grenzt ein Blaumeisenrevier ab. Bald an den ersten milden Wintertagen kommt ein neuer Klang dazu, die Amsel beginnt zu singen. Ihr Repertoire ist sehr groß und umfasst melodische Strophen, die mit tiefen Flötentönen beginnen und oft sehr laut sich in Tonfolgen steigern. Schon bei Dunkelheit beginnt der Tagesgesang und wieder zur Nacht begleitet uns die Amsel in den Frühling.

Der eindeutigste Herbeirufer des Frühlings ist jedoch der Kleiber. Weit ist sein „twit twit" durch den noch kahlen Park zu hören. Manchmal klingt sein Ruf auch nach „wihe wihe" — wehe, der Winter kommt noch einmal zurück.

Mit jedem Frühlingstag werden die Stimmen mehr. Bald sind die Vogellieder ein dicht gewobener Klangteppich. Mit etwas Übung erkennt man schnell jedes einzelne.

Die Stunde der Gartenvögel

Links: Prächtig glänzender Gartenvogel: der Star.

Rechts: Die Häufigkeit der Mehlschwalbe hängt von lehmigen Pfützen ab. Sie braucht Lehm zum Nestbau.

Noch häufig jagen kreischend Mauersegler durch die Straßen.

Einmal im Jahr, und zwar in der zweiten Maiwoche, die Vögel in seinem Garten zu zählen, ist eine großartige Idee. Schon vor dreißig Jahren fand im vogelbegeisterten England diese Idee sehr viele Anhänger. Nun sind dem englischen Vorbild auch andere Länder gefolgt. In Deutschland hat der Naturschutzbund Deutschland (NABU) die Organisation der Datensammlung übernommen. Mitmachen kann jeder. Alle Ergebnisse laufen unter www.NABU.de zusammen. Die jährliche Vogelzählung in den Gärten wird sich unter den jeweiligen Adressen der landestypischen Vogelschutzverbände fortsetzen.

Wer ist der häufigste Vogel?

Im Jahr 2007 war bundesweit der Haussperling der häufigste Gartenvogel. Auf Platz zwei folgte dicht dahinter die Amsel. Der dritthäufigste Vogel aller ausgewerteten Gärten war die Kohlmeise. Auf Platz vier lag die Blaumeise, auf Platz fünf der Star. Die Plätze sechs bis zehn teilten sich Elster, Mehlschwalbe, Mauersegler, Buchfink und Grünfink. Eine erste Auswertung ergab, dass dies Durchschnittswerte sind, die sich regional stark verändern können.

Ganz oben rechts: Mittlerweile häufiger Gartenvogel: die Elster.

Oben rechts: Der Haussperling: rund ums Haus der häufigste Vogel bundesweit.

Ganz links oben: Die Amsel ist zur Zeit der zweithäufigste Vogel in unseren Gärten.

So etwa waren Buchfinken im Westen häufiger als in den Ostteilen Deutschlands. Ganz markante Schwerpunkte erreichte auch der Gartenrotschwanz. Dieser Vogel war in Mecklenburg-Vorpommern und im nördlichen Brandenburg sehr häufig. Je weiter die erfassten Gärten im Osten lagen, um so häufiger wurden auch die Arten Bluthänfling und Pirol.

Bei der großen Beweglichkeit unserer Vögel ist es wünschenswert, europaweite Zählungen zu bekommen.

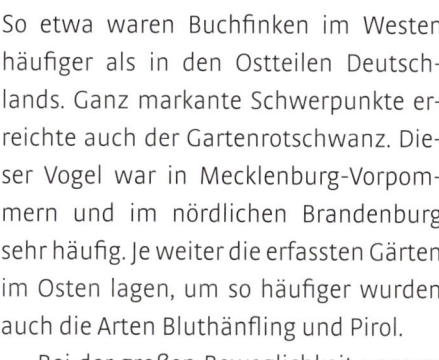

Ganz links unten: Nach Osten häufiger: der Bluthänfling. Mitte oben: Auch meist unter den Top 10 – der Buchfink.

Mitte unten: Noch sehr zahlreich, aber abnehmend – der Grünfink.

Tipp > Zählen Sie mit!

Diese neue Bewegung in Europa ist wichtig und schön. Jedes Jahr an den Wochenenden um Mitte Mai rufen Vogelschutzverbände alle Naturinteressierten zur Gartenvogelzählung auf. Jeder kann mitmachen. Und alle Vogelzählungen werden ausgewertet. Wohin mit den Daten? In Deutschland hilft Ihnen die Internetseite des NABU weiter. In anderen Ländern einfach nach dem jeweiligen Begriff „Gartenvogelzählung" suchen.

Das Ganze ist nicht nur ein wunderschönes Erlebnis, aus diesen zahlreichen Zählungen ersehen Vogelkundler: So steht es um die Vogelwelt.

Partnerwahl – nicht einfach

Verpaarte Ringeltauben kraulen sich häufig das Halsgefieder.

Auch im Reich der Vögel spielt die richtige Partnerwahl eine überaus wichtige Rolle. Sie muss schon möglichst frühzeitig erkennen lassen, ob beide Partner sich verstehen und gemeinsam erfolgreich eine Brut aufziehen können. Dabei spielt die Kommunikation die zunächst wichtigste Rolle. Und diese ist bei jeder Vogelart anders.

Während der Balz schauen die Vögel genau zu, was der Partner macht.

Er fliegt, sie schaut zu

Meistens sind es die Weibchen, die ihre Vogelmänner aussuchen. Die weibliche Ringeltaube zum Beispiel sucht sich einen Zweig als möglichen Nistplatz und bleibt dort lange und zunächst tatenlos sitzen. In regelmäßigen Abständen ruft sie ihr zweisilbiges „kru-kruh". Lässt der mögliche Partner auch seine Gesangsstrophen hören, antwortet das Weibchen sofort mehrfach hintereinander. Damit haben die beiden erstmals miteinander „gesprochen", sie sind aufeinander aufmerksam geworden. Auf jeden weiteren Ruf des Männchens antwortet das Weibchen nun mehrmals. Es erkennt ihn ab jetzt persönlich.

Danach beginnt das Männchen eine eindrucksvolle Umwerbung. Zunächst zeigt er seine beeindruckenden Flugspiele. Er steigt fast senkrecht in den Himmel, geht steil in die Höhe, klatscht mit den Flügeln und gleitet mit ausgebreiteten Schwingen abwärts, um zu zeigen, welch guter Flieger und Futtersammler er ist. Anschließend verneigt sich der Ringeltauber vor dem Weibchen und dreht sich mehrfach vor ihr im Kreis, um sich aus der Nähe begutachten zu lassen. Dann schnäbelt er mit ihr und füttert sie aus dem Kropf. Bald baut sie ein Nest und beide bebrüten 16-18 Tage zwei Eier. Bei Erfolg brütet das Paar zwei- bis dreimal im Jahr.

Vieles ist noch unbekannt

Nicht immer sind die Wege der Partnerfindung schon bekannt. Viele Verhaltensweisen sind uns Vogelbeobachtern zwar längst vertraut, aber wie viele einzelne Laute oder Bewegungen und welche genau zur Partnerfindung beitragen, lässt sich oft nicht so ganz einfach feststellen.

Fremdsprachen machen attraktiv

Oft sind es ganz individuelle Töne aus der Umgebung, die Männchen in ihre Gesänge aufnehmen, um Weibchen zu beeindrucken. So wurden in England Amseln, Singdrosseln und Stare beobachtet, die Zivilisationsgeräusche in ihre Reviergesänge einbauten. Manches Amselmännchen machte täuschend ähnlich ein Handy-Klingeln nach. Und Stare imitierten früher die knallenden Peitschen der Fuhrleute, heute sind es Geräusche von Motorsägen oder Hundepfeifen.

Man wertet diese zusätzlichen Töne als regionale „Fremdsprachen". So pfiffige Männchen sind unverwechselbar und bewähren sich als Brutpartner.

Wer weckt die Vögel?

Rechte Seite: Aufstehen um vier: Der Gartenrotschwanz ist stets der erste Sänger eines neuen Tages.

Es ist Mitte April. Genau eine Stunde und zwanzig Minuten vor Sonnenaufgang. Da klingt ein melodischer Gesang wie tropfende Tauperlen in den Morgen. Das Rotkehlchen beginnt zu singen. Sein zartes Lied kommt von einer erhöhten Warte und besteht aus hohen flötenden Tönen, die sich mit melancholischen Strophen abwechseln.

Was weckt diesen kleinen Sänger mit dem roten herzförmigen Fleck auf der Brust?

Wie alle Vögel besitzt auch das Rotkehlchen eine innere Uhr, die im Wechsel von Tag und Nacht einen ungefähren Rhythmus von 24 Stunden vorgibt. Der Sitz dieser Uhr ist die Zirbeldrüse im Ge-

hirn des Vogels. Diese produziert das Hormon Melatonin, das ein Vogelgehirn entweder schlafen oder wach sein lässt. Der Zeitgeber für diese Drüse ist die Tageslänge. Ab einem bestimmten Grad der Helligkeit beginnt der Vogel zu singen oder bei Dunkelheit, seinen Schnabel ins Gefieder zu stecken.

Jeder wacht anders auf

Jede unserer Vogelarten hat einen eigenen Rhythmus, beginnt zu einem anderen Zeitpunkt zu singen. Der erste Sänger am Morgen ist der Gartenrotschwanz. Zehn Minuten später folgt das Rotkehlchen, dann die Amsel und der Zaunkönig. Erst 30 Minuten nach dem Gartenrotschwanz erklingt es „Kuckuck-Kuckuck" und nochmal zehn Minuten später hört man das „Zizidä-zizibä" der Kohlmeise. Ebenfalls vor Sonnenaufgang beginnen Zilpzalp, Buchfink und Haussperling. Der Star lässt sein melodisches Pfeifen erst im Licht der aufgehenden Sonne hören.

Wie genau ist die Uhr?

Die Anfangszeiten der einzelnen Vogelgesänge sind so genau, dass man seine Uhr danach stellen kann. Das brachte Naturliebhaber dazu, eine Vogeluhr aufzustellen, die im nebenstehenden Kasten für Mitte Mai in Deutschland gilt. Allerdings kann den morgendlichen Sängern auch einmal das Wetter einen Strich durch die Rechnung machen. Tief hängende Wolken oder Graupelschauer lassen so man-

Nach dem Rotkehlchen kann man die Uhr stellen. Gesangsbeginn ist vier Uhr zehn.

Tipp > Die Vogeluhr

Angaben bezogen auf mitteleuropäische Sommerzeit, Deutschland etwa Mitte Mai.

4.00 Uhr Gartenrotschwanz, Hausrotschwanz	4.40 Uhr Kohlmeise
	4.50 Uhr Zilpzalp
4.10 Uhr Rotkehlchen	5.00 Uhr Buchfink
4.15 Uhr Amsel	5.20 Uhr Haussperling
4.20 Uhr Zaunkönig	5.30 Uhr Sonnenaufgang
4.30 Uhr Kuckuck	5.40 Uhr Star

chen Vogel stumm bleiben. Bei warmer Witterung jedoch ist das Vogelkonzert unübertrefflich reichhaltig und vieltönig. Und alle singen durcheinander.

Vogellieder – Die schönsten Merksprüche

Die vielfältigen Vogelstimmen des Frühlings zu unterscheiden, ist auf Anhieb nicht einfach. Erst recht, wenn an einem Maimorgen alle Vögel durcheinander singen. Da lohnt es manchmal, einfache kleine Merksprüche, die der Volksmund schon immer fand, mit den Liederstrophen

Zwei Meisen – zwei Laute

Wir beginnen mit der Kohlmeise [CD Nr. 22]. Ihr Lied erklingt schon im Februar. Sie besitzt zwar ein reichhaltiges Repertoire an Strophen, die abwechselnd gesungen werden, die typischste und häufigste ist jedoch „zizibä-zizibä".

Die kleinere Blaumeise [CD Nr. 21] dagegen singt zwar gleichzeitig, doch ganz anders. Sie beginnt mit zwei bis drei hohen Tonfolgen, die sehr unterschiedlich sein können. Besonders auffällig ist jedoch ein Triller, dem man besser kaum beschreiben kann als mit „ti-ti-ti-tirrrr".

Kennen Sie den „Tantenruf"?

Der Grünfink [CD Nr. 56] singt erst eine anhaltende Folge von Trillern, die an eine altertümliche Telefonklingel erinnern. Danach erklingt ein gedehntes wehleidiges „dijäiih". Der Volksmund nennt diesen Laut den Tantenruf. Er klingt ein wenig wie „weah", so als würde ein erschrecktes

Der Zilpzalp singt unaufhörlich seinen Namen, manchmal auch „zilpzilpzalp".

zu vergleichen. Vielleicht hilft auch die beiliegende CD, sich in die einprägsamsten Vogellieder einzuhören.

Vom Zilpzalp äußerlich kaum zu unterscheiden, der Fitislaubsänger. Sein Gesang ist ein Wispern.

Kind weinen, nachdem ein Fremder in seinen Kinderwagen geschaut hat.

Vom schönen Bräutigam

Der am weitesten verbreitete Vogel in Mitteleuropa ist der Buchfink [CD Nr. 53]. Sein trillerndes Lied mit einem typischen Endschnörkel hat schon immer die Menschen zu Lautmalereien animiert. Es ist eine schmetternd gesungene, etwas abfallende Strophe, die sich anhört wie „Bin ich nicht ein schöner Bräutigam". Rund 4000-mal singt er dieses Lied an einem einzigen Frühlingstag. Dazwischen ruft er immer wieder „pink" wie Fink.

Er singt, wie er heißt

Unverwechselbar singt auch der kleine graugrüne Zilpzalp [CD Nr. 29]. Eigentlich heißt er Weidenlaubsänger. Aber wegen seines typischen zweisilbigen Gesangs wird er eben Zilpzalp genannt. Seine monotonen Folgen aus eindeutigen Zilpzalp-Lauten, die in der Tonhöhe wechseln, erkennt jeder Vogelbeobachter nach wenigen Sekunden. Nur bei Störungen wird der Vogel einsilbig und singt „hüid". Äußerlich im Feld kaum zu unterscheiden singt der Fitis-Laubsänger ganz anders. Er wispert eher [CD Nr. 28].

Unverkennbar Singdrossel: sie wiederholt melodische Laute mindestens dreimal.

Der Vogel, der alles dreimal sagt

Ihr Morgengesang ist sehr melodisch und weit zu hören. Selbst kurz vor dem Regen erklingt das Lied der Singdrossel [CD Nr. 41] über Stunden. Es besteht aus flötenden und zwitschernden Motiven, die jeweils mehrfach wiederholt werden. Für diese Motive hat man in vielen Sprachen Um-

Sehr laut, sehr hoch, trillernd und klingelnd. Das Lied des Zaunkönigs ist unüberhörbar.

schreibungen gefunden: „Kuhdieb-Kuh-dieb-Kuhdieb" oder „Hinrich-Hinrich-Hinrich" und vor allem das typische mehr-silbige „Komm-komm-komm". In Russland umschreibt man es mit „juri-juri-juri" und „spasiba-spasiba-spasiba". Das bedeutet „Danke". Und das hat dieser großartige Sänger sich wirklich verdient.

Besonders die geräuschvollen Triller und Roller zwischen den wiederholten Mo-tiven sind sehr einprägsam. Daneben baut die Singdrossel auch Alltagsgeräusche ein.

Ein wunderschön melodisches Flöten ist der Gesang der schwarzköpfigen Mönchsgras-mücke.

Stets von der höchsten Spitze eines Baumes oder Hauses klingt das Trillerlied des Girlitz.

„Brrrrr"

Auch das typische Schnarren nach dem sehr lauten, fünf Sekunden lang klingenden Lied des Zaunkönigs [CD Nr. 37] hat einen Merkspruch gefunden: „Mücken und Fliegen, die sind zu genießen, aber Spinnen – Spinnen – brrrrr – die zieh ich vor". Dieser Merkspruch beschreibt nicht nur trefflich den Gesang, sondern auch noch die Nahrungsgewohnheiten des kleinen Vogels.

Der Mönch singt spanisch

Besonders schallend und bis weit in den Sommer hinein ist der kraftvolle Gesang der Mönchsgrasmücke [CD Nr. 31] zu hören. Das melodische Geplauder gehört zu den schönsten Vogelgesängen Mitteleuropas. Es beginnt mit einem grasmücken-typischen leisen Geplapper, dann folgt eine Flötenstrophe und am Ende ein Überschlag. Die Spanier beschreiben diese Strophe lautmalerisch sehr typisch mit „Mi nino chiceritito". Das bedeutet „Mein liebes Kind".

Stottern vom Dach

Unverwechselbar neu singt auch der Hausrotschwanz [CD Nr. 47]. Das rußschwarze Männchen mit dem rostbraunen Schwanz ist noch vor Morgenanbruch der erste Sänger, wenn man seine kurze kratzige Strophe als Lied bezeichnen mag. Direkt vom Dachfirst klingt sie morgens so etwa, als frage der Hausrotschwanz stotternd: „wowowo bi bist".

Bei Erregung bringt der Hausrotschwanz sehr kehlige Laute, wie „tk tk".

Seltsame Brutorte

Vögel nehmen ihre Umwelt anders wahr als wir Menschen. Sie sehen auch anders. Was für uns eine alte Gartenjacke ist, kann für einen Zaunkönig den sichersten Brutplatz bedeuten. Was wir uns als Briefkasten vorstellen, ist mancher Meise die beste Bruthöhle. Bei einer Untersuchung von merkwürdigen Brutstandorten in Kiel lieferten zahlreiche Vögel Beispiele ihrer anderen Sicht der Dinge.

Hier einige kuriose Beispiele aus dem Repertoire der Nestbaumeister.

Die Amsel von Frau Vogel

Spitzenreiter seltsamer Brutstandorte rund ums Haus ist sicher die Amsel. Das kleine Schutzblech über dem Carportlicht schien ihr der geeignete Standort für ein Nest zu sein. Auch der Holzstoß voller Kaminscheite ist ein stets beliebter Nestbauort. Amseln nutzten schon Fahrradkörbe, aufgehängte Paddelboote, Autoreifen oder Blumenkästen als katzensicheres Nestversteck. Derart vogelgeeignete Standorte nutzen Amseln regelmäßig Jahr

Die Amsel „Schneefederchen" brütete ausgerechnet im Blumenkasten von Frau Vogel.

für Jahr, wenn es ihnen gelang, darin erfolgreich eine Brut hochzuziehen. Den Vogel schoss eine Kieler Amsel ab, die mit einer weißen Schwanzfeder individuell erkennbar war. Dieses Amselweibchen, „Schneefederchen" genannt, brütete ausgerechnet immer wieder im Blumenkasten von Frau Vogel. Die tierfreundliche Dame wohnte im elften Stockwerk eines Hochhauses. Vogel und Mensch waren so vertraut, dass sie einander im Meterabstand duldeten.

Diese brütende Stockente fand eine rostige Milchkanne unwiderstehlich.

Ein König als Untermieter

Spezialisten für ungewöhnliche Brutorte in Menschennähe sind vor allem Zaunkönige. Sie suchen für ihre Backofennester faustgroße Rundungen aus. Dabei kommt ihnen oft die norddeutsche Sitte, sich Schmuckkränze zur Begrüßung an die Eingangstür zu hängen, zugute. Es war wie ein Boom. Zahlreiche Zaunkönigspaare nutzten überall ausgerechnet diese Türkränze und passten in deren Öffnungen ihre Kugelnester aus Laub. Besucher wussten bei dem Schild „Bitte Terrasseneingang benutzen" sofort Bescheid: Der verrückte Zaunkönig ist wieder da und belegt den Hauseingang für viele Wochen.

In einer nahe gelegenen Fischerei fanden Zaunkönige die zum Trocknen aufgehängten Fischernetze unwiderstehlich. Ihre Maschen erschienen ihnen wohl ähnlich wie Efeugestrüpp, das sie sonst häufig als Nestversteck verwenden. Das Fischerehepaar berichtete von den merk-

Nest im Fahrradsattel. Zaunkönige sind bekannt für ungewöhnliche Brutorte.

würdigsten Gegenständen, in die Zaunkönige schon bauten: alte Jackenärmel, Ofenrohre, Reusen oder Tauwerk. Der abgehärtetste Zaunkönig bezog ein ausge-

Briefkasten vorübergehend anderweitig belegt. Hier wohnen Kohlmeisen.

Nest mit Fernsehempfang: Türkentauben genügt oft schon ein Fensterbrett fürs Nest.

dientes Rauchschwalbennest, das mitten über dem Räucherofen auf einem Brett lag. Dreimal die Woche saß der Zaunkönig mitten im Qualm geräucherter Forellen und brütete seine Eier aus. Drei Wochen lang.

Gleich daneben brütete eine Stockente in einem vergessenen Einkaufskorb. Diese Wasservögel haben besonders ausgefallene Brutideen. Auch der Balkon am Büro einer Oberbürgermeisterin im ersten Stock schien einem Stockentenweibchen geeignet. Nach dem Schlupf der Küken wurde kurzerhand die Hauptstraße gesperrt, um dem Entenmarsch ein gefahrloses Überqueren zu ermöglichen.

An natürlichen Nischen scheint ein Mangel in unseren Gärten zu herrschen. Deshalb finden besonders Halbhöhlenbrüter wie Hausrotschwanz oder Grau-

Das „O" im Schriftzug Apotheke fand diese Amsel geeigneter für ihr Nest als jede Astgabel.

Eine Tonschale kann für Grau-schnäpper der ideale Nestnapf aus Menschenhand sein.

schnäpper Rollokästen und Markisen sehr attraktiv und weichen dorthin aus. Als Preis für ihre Nähe nehmen wir es gerne hin, die Terrassenmarkise sieben Wochen nicht ausrollen zu können.

Auch den Fütterlärm von Elstern nahm der Arzt eines Klinikums gerne hin. Ein Elsternpaar hatte sein großes Reisignest direkt vor sein Fenster auf den Balkon gebaut.

Weniger erbaut war ein Schlossherr, der nach langer Abwesenheit seinen Kamin heizen wollte. Als dieser nicht zog, fanden sich im Schornsteinsims zwei quicklebendige, leicht angerußte Wollknäuel von Waldkäuzen.

Besonders in Küstennähe nimmt die Umwidmung unserer Häuser zu Brutstätten oft kuriose Züge an. Flachdächer mit Steinen finden Austernfischer als Brutort oft interessanter als Dünen. Silber- und Sturmmöwen betrachten Fenstersimse wie steile Brutfelsen und Mehlschwalben verlieben sich in die lange ungestörten Balkonwände von Ferienwohnungen. Die

Eigentlich ist dies eine Blumen-vase. Doch die Blaumeise hält sie für eine ideale Bruthöhle.

Wohnungsnot ist hier offensichtlich so groß, dass selbst ein Klohäuschen mit einer Steilwand von knapp zwei Metern zur Mehlschwalbenkolonie wird.

Jedem Garten seine Amsel

Ihr Lebensraum ist der Mischwald. Dort leben Amseln noch immer. Doch viele wanderten in die Städte und Dörfer. In Menschennähe gibt es immergrüne Bäume zum sicheren Brüten und in den Gärten Nahrungsquellen, die auch im Winter nie versiegen. Oft sind die Reviere in Wohn-

Noch eben saß der schwarze Federball aufgeplustert in der kalten Vorfrühlingsnacht lautlos auf dem Gartenpfosten. Jetzt kommt Leben in das Tier. Mit steil aufgerichtetem Schwanz sitzt es auf dem Zaun und lässt ein schrilles Zetern hören, das man lautmalerisch auch als Ticksen bezeichnet. Vom Nachbargrundstück kommt ein weiterer schwarzer Vogel geduckt herübergerannt. Sein Schnabel ist schon orangegelb und sein dunkles Auge umgibt ein leuchtend gelber Ring. Die beiden fliegen auf und schlagen im Flug mit den Beinen heftig aufeinander ein. Nach der Landung verlässt der Verlierer das Gelände und schlüpft durch den Gartenzaun zurück. Unter der Hecke ist jetzt auch das

Erstaunlich dehnbar so ein Regenwurm. Im Garten sind solche Bilder gut zu beobachten.

dazugehörige Weibchen des Streithahns zu sehen. Es sammelt dünne kleine Zweige, bis der Schnabel mit einem kleinen Reisigbündel gefüllt ist. Lautlos fliegt es in den Lebensbaum und verschwindet in einem Meter Höhe im immergrünen Nadellaub. Kurz darauf kehrt es zurück. Beide Altvögel, das glänzend schwarze Männchen und das erdbraune Weibchen mit der etwas helleren Kehle drehen nun auf dem Rasen das letzte Laub des Winters um. Mächtig stemmen sie sich ins Zeug, wenn sie einen langen Regenwurm aus dem Erdreich ziehen.

Vom Wald in die Stadt

Die Schwarzdrossel, meist Amsel genannt, ist unser häufigster Kulturfolger geworden. Der einstige Waldvogel hat sich die lockere Parklandschaft unserer Gärten mit großem Erfolg erschlossen. Er gehört mittlerweile zu unserem Lebensraum. Da ist für diesen Verwerter von Regenwürmern, Bodeninsekten, Sämereien und Beeren das reinste Schlaraffenland. Selbst im Winter bleibt der Boden im Siedlungsbereich oft frostfrei und es ist immer etwas zu finden. Deshalb sind diese Reviere sehr begehrt. Und so gehört das abendliche Reviergezeter ebenso zu unserem Alltag wie das melodische Flötenlied der Amselmännchen am Morgen.

Ein Napfnest für die Jungen

Mitten in blickdichte Sträucher und Bäume, Kletterpflanzen oder geeignete Bal-

gebieten schon so dicht belegt, dass sich die Amseln mehr mit Revierstreitigkeiten befassen müssen als mit der Aufzucht ihrer Jungen.

Brut im Gartenstrauch. Die
Amsel wanderte einst aus den
Wäldern in unsere Gärten ein.

ken am Haus baut das Weibchen schon Mitte März ein napfförmiges Nest. Als Baumaterial benutzt es trockene Grashalme, Laub, Moos, Erde und nicht selten auch Dinge aus unserer menschlichen Welt wie Plastikplanen und Bindedraht. Selbst Wäscheleinen haben Amseln schon verbaut. Drei bis fünf blaugrüne, braun gesprenkelte Eier legt das Weibchen und bebrütet diese etwa zwei Wochen. In dieser Zeit sieht man sie nur abends kurz zum Wurmen auftauchen. Dann steht sie mit seitlich geneigtem Kopf auf dem Rasen und lauscht auf jedes Kratzgeräusch eines Regenwurms, ehe sie entschlossen zugreift. Bald sind beide Eltern unablässig bei der Futtersuche für ihren Nachwuchs.

Schwerstarbeit für die Amsel? Sicherlich fordert die Fütterungszeit die Altvögel. Doch haben Messungen auch ergeben, dass eine brütende Amsel auf dem Nest etwa 20 Prozent weniger Energie verbraucht, als eine nicht brütende.

Blick ins Meisenheim

Die Intimsphäre einer Blaumeisenfamilie liegt meistens tief in einer Höhle verborgen. Wir sehen nur das Elternpaar eifrig mit Futter zum Einflugloch fliegen und mit einem Kotballen wieder davonflattern. Die Einzelheiten der Kinderstube sind unsichtbar. Doch das muss nicht sein. Mit großer Geduld und einem kleinen Trick kann man den Meisennachwuchs beim Füttern beobachten, ohne dabei auch nur im Geringsten zu stören. Der Trick besteht in rechtzeitiger Planung und

in einem Meisenheim mit gläserner Rückwand. Der Kasten mit den üblichen Maßen ist schnell gebaut. Das Flugloch für Blaumeisen sollte nicht mehr als 27-28 mm betragen.

Das Haus ohne Rückwand montieren wir auf eine dünne Sperrholzplatte in der Größe des gesamten Fensters. Auch in dieser ist die Rückwand in Nistkastenformat ausgesägt. Die Platte samt Nistkasten mit dem offenen Rückteil wird vor das Fenster gesetzt und an den vier Ecken mit

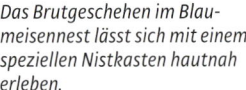

Das Brutgeschehen im Blaumeisennest lässt sich mit einem speziellen Nistkasten hautnah erleben.

Nägeln befestigt. Damit das Meisenheim dicht an der Fensterscheibe anliegt, empfiehlt sich, auf die Ränder etwas Dichtungsband zu kleben. Vom Inneren des möglichst ruhigen Schuppens können wir nun direkt in den Kasten hineinsehen. Damit die Blaumeisen keinen Verdacht schöpfen, kleben wir die Öffnung zunächst mit einem dunklen Zeichenkarton auf der Glasscheibe zu.

Bald liegen bis zu 14 gesprenkelte Eier im ausgepolsterten Blaumeisennest.

Ab jetzt absolute Ruhe

Jetzt heißt es Geduld haben und seine Neugier zu bezwingen. Wenn eine Meise den Kasten inspiziert, Nistmaterial einträgt und ein Nest baut, darf sie unter keinen Umständen gestört werden. Sie würde nicht wiederkommen. Erst wenn drei Wochen später ein vielstimmiges leises Wispern aus einem Dutzend Meisenschnäbel zu hören ist, kann man den Karton an der Scheibe vorsichtig entfernen. Dabei muss der Raum möglichst dunkel sein. Jetzt ist die Beobachtung der Kinderstube ohne jede Gefährdung der Vogelküken möglich: Die Meiseneltern haben sich längst an ihr Meisenheim gewöhnt und sind derartig mit Füttern beschäftigt, dass sie uns im abgedunkelten Raum gar nicht wahrnehmen.

Anfangs sind die Jungvögel blind und strecken den Eltern ihren roten Rachen entgegen.

Meisenkinder

Dicht bei dicht sitzen die noch nackten zehn Jungen ganz still, die großen Augen verschlossen. Nur wenn ein Elternvogel durch das Einflugloch hüpft, werden sie lebendig, sperren nach oben und zeigen ihre leuchtend gelben Schnabelinnenseiten. Es ist, als wollten sie den Eltern sagen: Nur einfach hier hinein stopfen. Der gelbe

Während das Weibchen brütet, wird es vom Männchen am Höhleneingang mit Futter versorgt.

Schnabelring löst bei den Elternvögeln zwanghafte Instinkte zum Füttern aus. Der Beobachter hinter der Glasscheibe kann jede gefütterte Raupe mitzählen und sogar bestimmen, ob es Blattwespen, Kohlweißlinge oder Blattläuse sind.

Die Blaumeise füttert immer den Nestling, der ihr am nächsten ist. Sie macht nicht den Versuch, das Futter gerecht zu verteilen. Dadurch erhält der kräftigste auch das meiste Futter. Erst wenn er nicht mehr hungrig ist, hört er auf zu betteln und die Übrigen kommen zum Zuge. Auf diese Weise werden alle satt – sofern es genügend Futter gibt. Wenn nicht, verhungern einige Nestlinge. Aus der Sicht der Natur ist es sinnvoller, einige gut genährte Nestlinge zu haben, als viele schlecht ernährte.

Aktion sauberes Nest

Sobald ein Meisenjunges gefüttert wurde, dreht es sich herum und steckt dem Elternvogel sein Hinterteil entgegen. Dieser übernimmt mit dem Schnabel einen Kotballen in einem kleinen Häutchen und trägt ihn weg. Damit bleibt das Nest hygienisch sauber und Räuber finden die Höhle nicht so leicht.

Muss man fliegen lernen?

Die meisten Jungmeisen fliegen in den ersten paar Tagen nach Verlassen der Bruthöhle nur wenig. Sie bleiben vielmehr

Die ersten Federn sprießen an den Flügeln. Der restliche Körper ist noch nackt und rosig.

Drangvolle Enge in der Nisthöhle. Der erste Ausflug ins Leben steht unmittelbar bevor.

ruhig in einer dichten Hecke oder in einem Apfelbaum sitzen und warten geduldig, bis sie von den Eltern gefüttert werden. Doch bald steht der erste Flug bevor. Dabei sind die jungen Meisen erstaunlich geschickt. Von Anfang an beherrschen sie die Flügelbewegungen und das Einhalten des Gleichgewichts. Fliegen ist ihnen angeboren. Nur das Manövrieren mit dem noch kurzen Schwanz und die Landung müssen perfektioniert werden.

Tagebuch einer Blaumeisenfamilie

21. März – Frühlingsanfang
Draußen gerade mal 6 Grad Celsius, reg-

Unbeholfenes Wollknäuel, aber schon flugfähig. Das Vogelkind braucht noch lange Futter.

nerisch. Eine Blaumeise trägt Nestmaterial ein: Moos, Halme, Haarbüschel.

26. März
Das Weibchen (erkenntlich am kleineren weißen Stirnfleck und etwas matteren Farben) sortiert Baumaterial. Das Männchen kommt vorbei und füttert das Weibchen.

31. März
Das Nest hat jetzt eine Mulde mit einem feinen Federpolster.

14. April
Im Nest liegt ein Ei, weiß mit hellroten Punkten. Ab jetzt kommt täglich eines hinzu.

24. April
Das Gelege ist vollzählig. Elf gleichförmige Eier. Das Weibchen brütet.

30. April
Unablässig brütet das Weibchen. Nur zweimal ein kurzer Ausflug. Etwa alle Stunde kommt das Männchen und bringt Futter für die Brütende.

8. Mai
Heute morgen sind drei Küken geschlüpft. Das Weibchen hudert und brütet. Das Männchen sucht eifrig kleine Raupen an Apfelknospen und füttert häufiger.

10. Mai
Die Familie ist vollständig. Elf hungrige Hälse strecken sich dem fütternden Vater entgegen.

15. Mai
Alle elf Kinder wohlauf, deutlich gewachsen. Die Augen beginnen sich zu öffnen. Das Weibchen beteiligt sich auch tagsüber an der Futtersuche. Nur gelegentlich hudert sie noch ein paar Minuten.

Unermüdlich fliegen die Meiseneltern heran. Tägliche Flugleistung: 70 Kilometer!

Langsam ist das Meisenkind als Blaumeise zu erkennen. Die Federn werden bunt.

20. Mai

Die Küken sind alle gleichmäßig gewachsen. Sie haben zwischenzeitlich Federn bekommen. Der Flaum erinnert farblich schon an eine Blaumeise. Schwerstarbeit für die Eltern. 25-30 Anflüge pro Stunde, für jeden. Für das Meisenpaar bedeutet das eine Flugstrecke von etwa 70 km täglich.

25. Mai

Es wird eng im Meisenheim. Die Jungen turnen aufeinander herum und gucken gelegentlich aus dem Flugloch, um die fütternden Eltern zu erwarten.

26. Mai

Warme Maisonne. Im Apfelbaum sitzen nebeneinander wie aufgereiht elf mattgelbe Federknäuel. Piepsen laut durcheinander. Die Meiseneltern sind immer in der Nähe. Sie füttern heute fette Frostspannerraupen.

27. Mai

Der Nistkasten ist leer, die Meisenfamilie wandert von Apfelbaum zu Apfelbaum.

Gartennützlinge

Jeder Gartenliebhaber kennt es: Ein Heer von Insekten scheint nur darauf zu warten, sich über Gartenpflanzen hermachen zu können. Das Lilienhähnchen nagt an den schönsten Lilienblüten, die Raupen des Kohlweißlings fressen hemmungslos an Kohlblättern und Kapuzinerkresse, und Blattläuse sitzen in Massen in den schönsten Rosentrieben. Bevor man hier zu chemischen Mitteln greift, gibt es eine erfolgreiche Variante: die Förderung der Nützlinge. Ein Garten mit Nistgelegenheiten für die verschiedensten Vögel kennt kaum ein Schädlingsproblem. Viele Untersuchungen belegen die nützliche Wirkung von Vögeln als Insektenvertilger. Mit drei bis vier Bruten im Jahr und jeweils zehn bis zwölf hungrigen Schnäbeln sind die Meisen sicher die besten guten Geister. Zunächst füttern sie hauptsächlich Blattläuse, später häufig die Raupen des Frostspanners und schließlich die gefräßigen Larven der Kiefern-Buschhornblattwespe. Deren Kolonien nisten sich häufig an Ziernadelsträuchern ein.

Der Grauschnäpper: eifriger Fliegenfänger und Insektenvertilger im Garten.

Die Schneckenspezialistin

Schön sind sie zwar, die gebänderten Häuser der Schnirkelschnecken, aber im Gartenbeet empfinden wir sie oft als Konkurrenz. Hier hilft die Singdrossel. Sie spezialisiert sich bei reichlichem Vorkommen auf diese Schneckenfamilie und zerschlägt deren Häuser immer an der gleichen Stelle, um an den weichen Inhalt zu gelangen. Ein flächiger Stein von etwa einem halben Quadratmeter, in einem stillen Gartenwinkel ausgelegt, wird für die Singdrossel schnell zur Schneckenschmiede.

Wer mag schon Schneeballkäfer?

Schon vor der Blüte sind die Blätter des Schneeballs durchlöchert wie ein Sieb. Und selbst nach dem Junitrieb sehen die neuen Blätter bald wieder fürchterlich aus und sind nicht gerade eine Zierde für den Garten. Schuld daran ist der Schneeballkäfer. Er schlägt gleich mit mehreren Generationen zu. Im Mai nagen die hellbraunen Käfer. Dann fressen blattunterseits die rabenschwarzen Larven und im Spätsommer die neue Käfergeneration. Einzige brauchbare Hilfe ist es, die neuen Triebspitzen vor dem Winter zu kappen, denn dort überwintern die Eier dieses Käfers. Noch besser ist es jedoch, man hat in einem buschreichen Garten einen „Mönch". Denn die Mönchsgrasmücke ist ein ausgesprochener Spezialist für den Schneeballkäfer. Im Minutentakt suchen beide Eltern systematisch die Blätter ab

Stein als Amboss einer Singdrossel. Hier zerschlug sie Schneckenhäuser, um an die Weichteile zu gelangen.

Die Gartengrasmücke verfüttert Schnaken an ihre Kinder. Sie fängt sie auf dem Rasen.

und verfüttern die schwarzen Larven, die sonst keine andere Vogelart mag.

Der Schnakenjäger

Wer einen gepflegten Rasen mag, hat bald unterirdische Gegenspieler. An den Graspflanzen nagen beispielsweise die dicken Larven der Kohlschnaken und die Raupen von Erdeulen (Nachtfalter). Spezialisten für derartige Schädlinge sind die Stare. Sie suchen eine Rasenfläche sehr gründlich ab und vertilgen viele Insekten und deren Larven. Nicht nur Stare, auch Elstern sind großartige Insektenvertilger. Sie fressen neben anderem vor allem Käfer. Ihre angebliche Vorliebe für fremde Nester ist ein Ammenmärchen, wie wissenschaftliche Untersuchungen zeigen.

Fast für jeden Gartenschädling findet sich ein Vogel. Nur die Kohlweißlingsraupen mag keiner. Diese bekämpfen jedoch winzige Schlupfwespen, sofern sie im naturnahen Garten wohnen.

Der Storch auf dem Dach

Den langen Winter über war das Storchennest auf der großen Giebelscheune verlassen und leer. Seit den ersten Märztagen gingen die Blicke täglich hinauf, um zu sehen, ob sich schon etwas rührt. Heute am 17. März steht er endlich wieder da. Der vertraute Weißstorch. Viele Jahre schon brütet er hier.

oben: Mit lautem Klappern begrüßen sich die Partner bei der Rückkehr aus Afrika.

Störche bringen stets sinnvolle kleine Geschenke mit zum Nest: Zweige oder Grasbüschel.

Mehrere Tage wartete der einsame Storch auf seinem Horst. Gelegentlich flog er in die Niederung vor dem Dorf und schritt über die Wiesen, um die ersten Frösche zu fangen. Nach einer Woche kehrte auch seine Partnerin zurück. Mit zurückgebogenem Hals und dem üblichen lauten Klappern begrüßten sich die beiden Störche.

Weißstörche leben in Dauerehe. Doch den Flug von und nach Afrika legen sie in unterschiedlichen Gruppen zurück.

Nach ihrer Ankunft reparieren die beiden Störche sorgfältig das Nest. Sie tragen Zweige herbei und stochern geschäftig in dem Reisighaufen herum. Gelegentlich bringt einer von seinen Ausflügen sogar ein Stück Tuch oder Plastikfolie mit und verschönert damit die Nestmulde. Aber stets hält einer auf dem Horst Wache, wenn der andere frisches Baumaterial besorgt. Stattliche Horste sind Mangelware und werden gegen Neuankömmlinge heftig verteidigt. Weißstorchnester werden

Das belegt sein Ring am Bein mit der Aufschrift „Vogelwarte Helgoland, 252355". Diese Ziffer ist mit dem Fernrohr lesbar und kennzeichnet den Storch individuell. Damit lässt sich seine Lebensgeschichte verfolgen.

viele Jahre wiederverwendet, immer wieder ausgebessert und dadurch von Jahr zu Jahr schwerer. Ein Horst erreichte ein Gewicht von stolzen 19 Zentnern.

Vier Wochen nach der Ankunft ist das Gelege aus vier kalkweißen, kaum glänzenden Eiern vollzählig. Ab dem ersten Ei brüten beide Partner in etwa gleichen Anteilen. Nachts brütet jedoch stets das Weibchen. Nach 33 Tagen schlüpft das erste Junge, seine Geschwister folgen ihm in Zweitagesabständen. An der Fütterung der Küken beteiligen sich beide Eltern. Sie legen das Futter stets auf dem Horstrand ab. Die Jungen nehmen es von Anfang an selbstständig zu sich.

Die beiden Weißstörche auf der großen Scheune beschützen, füttern und beschatten die Storchenküken im ständigen Wechsel. An heißen Tagen bringen sie im Schnabel sogar Wasser herbei. 55 Tage lang. So viel Zeit verbringen die schwarzschnäbeligen Jungen oben im Storchennest und geben piepende oder miauende Laute von sich. Dann wird der Platz zu eng, die Jungstörche balancieren auf dem Nestrand oder spazieren auf dem Dachfirst entlang. Gelegentlich breiten sie ihre großen Flügel aus und üben kleine Luftsprünge. Eines Tages Mitte Mai gelingt dann der erste Segelflug in die nahen Feuchtwiesen. Ab jetzt ist die Familie draußen zu beobachten. Und im Juni löst sie sich auf. Dann sieht man die Störche einzeln den mähenden Bauern folgen und im frischen Gras Heuschrecken, Frösche, Mäuse, Eidechsen und Käfer fangen. Ab Anfang August beginnt der Herbstzug

Vier kleine Störche im Nest sind eine Seltenheit. Sie werden nur in nahrungsreichen Jahren groß.

nach Südafrika, wo sich Störche auch während des nordeuropäischen Winters ernähren können. Hoffentlich kehren sie noch lange zu ihrem Horst zurück.

Balanceübung: Vögel besitzen zwei Gleichgewichtsorgane, eines im Kopf, eines im Bauch.

Mit dem Star kommt der Frühling

Er ist der bekannteste Vogel in Menschennähe. Seine melodiösen Lieder bedeuten für uns Frühlingsbeginn. Wir sehen ihm gerne zu wenn er mit wachem Blick auf dem Rasen nach Würmern sucht. Und im Herbst sind Starenschwärme ein Wunder der Flugkunst.

Vor dem großen Nistkasten im alten Birnbaum sitzt ein schwarz, purpurn und grün schillernder Star. Er zuckt mit den Flügeln und singt ein kunstvolles Lied aus zahlreichen Tonvarianten. Man hört es pfeifen, schmatzen, ausgedehnt rätschen und rattern. Dazwischen eingestreut erklingt das „hiäh" eines Mäusebussards. Es hört sich an, als sei hier ein Bauchredner am Werk. Immer wieder dreht der Vogel den Kopf, um seinen Gesang auch in alle Himmelsrichtungen zu tragen. Der Star singt vor seinem Haus. Hinter ihm brütet die Starin fünf bis sechs blassgrünliche Eier aus. Etwa alle dreißig Minuten wird sie von ihrem Männchen abgelöst. Auch sie singt, wenngleich nicht so variantenreich. Nach

Ein Star auf seiner Zweigbühne. Seinen Liedvortrag begleitet er mit imposanten Flügelschlägen.

zwei Wochen schlüpfen die Jungen und verlassen gewöhnlich im letzten Maidrittel die Bruthöhle. Beide Eltern füttern weiter eifrig Insekten aller Art, Nackt- und Gehäuseschnecken und allerlei Würmer, die sie am Boden sammeln.

Mit seiner gartenfreundlichen Lebensweise war der Star lange ein gern gesehener Gast und wurde massenhaft in Gärten angesiedelt. Schon Mitte des 17. Jahrhunderts sind Nistkästen für Stare in Schlesien überliefert. Die großzügige menschliche Unterstützung mit Wohnraum und leicht zugängliche Rasenflächen mit reichlich Futter ließen die Populationen stark anwachsen. Noch heute verdunkeln in den herbstlichen Zugtagen ganze Vogelwolken aus Staren gebietsweise den Himmel. Mit unglaublicher Präzision fliegen die Stare im dichten Schwarm, ändern blitzartig gemeinsam die Richtung, um dann schwatzend im Schilf oder auf hohen Bäumen zur Übernachtung zu landen. Besonders im Weinbau sind diese Starenschwärme gefürchtete Fruchtfresser und werden mit Böllerschüssen vertrieben. Manchmal fallen Stare auch über Kirschgärten her und räumen die Bäume ab, schneller als der Gärtner das kann.

Warum Stare solche Vorlieben für zuckerreiche Früchte zeigen, haben Wissenschaftler schon häufiger untersucht. Sie haben gemessen, welche Energie Stare zum Fliegen und zum Brüten brauchen. Als Flieger, der täglich mehrere Stunden in der Luft ist, verbraucht der Star viel mehr Energie als ein ortsgebundenes Rotkehlchen. Und als Frühbrüter, der schon im März bei

Gesang auch vor den Jungvögeln. Sie müssen das Starenlied von den Eltern erlernen.

Temperaturen von zwei bis zehn Grad auf den Eiern sitzt, erst recht. Er muss, um die fünf Eier 39 Grad warm zu halten, fast drei mal so viel heizen wie eine Amsel. Das heisst, er muss oft das Nest verlassen, um schnell auf dem Rasen möglichst fette Tiere zu fangen. Ein Star hat deshalb nie Zeit, ein Star wirkt deshalb immer ein wenig hektisch. Verständlich, dass diese Vögel vor langen Flugstrecken besonders über zuckerreiche Beeren mit schnell verfügbarer Energie herfallen.

Stare wurmen in Rasenflächen häufig als Gruppe. Dabei spreizen sie mit dem Schnabel kleine Gänge.

Allerlei Nester und Eier

Die hellgrünen Eier der Amsel tragen rostrote Flecken.

Ein Singdrosselnest ist auszementiert. Typisch sind auch die hellblauen Eier.

Kein Ei gleicht dem anderen. Und auch kein Nest. Jede Vogelart hat ihre ganz individuellen Weisen, ein Nest zu bauen. Und sie verwendet auch unterschiedliche Materialien. Rund ums Haus entdecken wir oft ein Vogelnest. Hier eine kleine Auswahl der häufigsten:

Die **Amsel** baut ein klassisches Napfnest. Es besteht aus Ästchen, Blättern und Moos und Wurzelfasern. Zwischen die Fasern wird Lehm zur Stabilisierung eingebaut. Die Nestmulde ist manchmal mit Federn gepolstert. Die Eier sind sehr variabel gefärbt, meist hellgrün, und haben rostrote Flecken.

Das Napfnest der **Singdrossel** besteht aus Ästchen, Halmen und trockenem Gras, in die Moos und Flechten eingewoben sind. Unverwechselbar und typisch: Die halbkugelige Nestmulde ist perfekt auszementiert. Die Masse besteht aus einem Gemisch von Lehm, Speichel und Holzmulm. Die vier bis sechs Eier sind hellblau und tragen schwarze Flecken.

Ein Buchfinkennest ist oft mit Moosstücken geschmückt, die Nestmulde mit Federn ausgelegt.

Noch vor dem Laubaustrieb setzt der **Buchfink** sein Nest in Astgabeln. Es besteht vor allem aus Moos und Flechten. Äußerlich wird es oft mit Birkenrinde oder Papierstücken geschmückt. Im Zoologischen Museum Kiel wird ein Nest aufbewahrt, das mit bedrucktem Zeitungspapier verziert ist. Ein wahrer Buchfink. Die Nestmulde ist mit Haaren, Federn und Wolle ausgelegt. Die fünf bis sechs Eier können recht verschieden sein: Hellbraun, rötlichgrau oder sogar hellblau. Typisch sind wolkenförmige braune Flecken.

Der **Grünfink** legt sein Nest in zwei bis sechs Meter Höhe vor allem in Nadelbäumen an. Das Grundgerüst besteht aus Ästchen, trockenen Gräsern und Wurzeln. Die Nestmulde ist mit Federn, Haaren oder feinsten Wurzeln ausgepolstert. Die fünf bis sechs Eier sind weiß bis blauweiß und tragen schwache rötliche Flecken.

Das unverkennbare Nest der **Heckenbraunelle** liegt im dichtesten Geäst junger Nadelbäume. Hauptsächliches Baumaterial sind Moos und dünne Ästchen. In der Mulde liegen feine Haare und Federn und sehr typisch: die Sporenträger von Moosen. Die vier bis fünf Eier sind leuchtend himmelblau.

Grauschnäpper setzen ihre Nester oft dicht am Haus, unter Balkons, auf Dachbalken von Schuppen oder in Kletterpflanzen. Sie sind unordentliche Bauwerke. Baumaterial sind Wurzeln, Halme, Grasblätter und Moos. Die Nestmulde wird mit Haaren und Wolle gepolstert. Die fünf Eier sind grüngrau mit verwischten rostbraunen Flecken.

Himmelblaue, ungefleckte Eier in einem mit feinen Haaren gepolsterten Nest sind typisch für Heckenbraunellen.

Der kugelförmige Bau des **Zaunkönigs** ist immer gut in Efeuranken oder Hausratgegenständen versteckt. Er besteht aus Flechten und Moos, manchmal auch aus trockenem Laub, und besitzt einen seitlichen Eingang. Die durchschnittlich sechs Eier sind weiß und fein rostfarben gefleckt. Nicht jedes Zaunkönignest wird auch bebrütet. Das Männchen baut oft Spielnester, die nur zum Schlafen benutzt werden. Manche Männchen bauen vier und mehr davon.

Etwas schlampiges Nest aus Wurzeln und Gras, Eier rostbraun gefleckt: Grauschnäpper.

Weiß der Kuckuck ...

Weiß der Kuckuck, wie diese Vogelart es geschafft hat, zum erfolgreichen Brutschmarotzer zu werden. Vogelforscher vermuten, dass der Kuckuck auf der Suche nach Eiweiß Singvogeleier aus den Nestern stahl und irgendwann durch ein eigenes Ei ersetzte. Seit dieser Zeit wiederholt sich das Drama Jahr

Junger Kuckuck im Nest einer Bachstelze. Deren Eier oder Junge hat er längst entfernt.

Die Bachstelze hatte soeben ihr Nest im Schuppen am Teich fertiggestellt und fünf Eier hineingelegt. Da wurde sie Opfer eines Schmarotzers: Ein taubengroßes Kuckucksweibchen hat die Bachstelze beobachtet, wie sie immer wieder Halme, Moos und Fasern zu dem Fenstersims schleppte, und geduldig abgewartet, bis das Gelege vollzählig war. Mit ihrem sperberartigen Flug brachte sie dann die Singvögel in Aufregung, besuchte kurz das verwaiste Nest, fraß ein Ei und legte ein

Kuckucksweibchen beobachten ihre zukünftigen Wirtseltern schon während deren Nestbau.

eigenes hinein. Es glich in Farbe und Musterung den bläulichweißen und grau gepunkteten Eiern der Bachstelze. Nur etwas größer war es. Doch das fiel der ahnungslosen Bachstelze nicht auf, zumal sich ja die Eizahl nicht verändert hatte. Wie schafft es der Kuckuck, seine Eier den jeweiligen Wirten anzupassen? Denn das sind viele, neben der Bachstelze auch Gartenrotschwanz, Teichrohrsänger, Zaunkönig oder Neuntöter. Er müsste seine Eier variieren können von glänzend grünlichblau bis zu weiß mit olivbraunen Flecken. Zoologen fanden heraus, dass sich ein Kuckucksweibchen jeweils auf die Singvogelart spezialisiert, bei der es selbst aufgewachsen ist. Ein Bachstelzenkuckuck bleibt also immer ein Bachstelzenkuckuck.

Das Unheil beginnt

Zwölf Tage nach der Mogelei schlüpft der junge Kuckuck. Meist zwei Tage früher als seine „Geschwister". Der noch nackte Jungkuckuck hat in den ersten vier Lebenstagen den Trieb, alles was er im Nest berührt, hinauszuwerfen, also auch alle noch vorhandenen Eier. Dabei nimmt er eines nach dem anderen in eine Art Mulde des Beckens, klemmt es zwischen die Flügel und schiebt es dann rückwärts zum Nestrand hoch. Auf diese Weise entledigt er sich aller seiner zukünftigen Nestgenossen. In den nächsten 22 Tagen wird er alleine von den Pflegeeltern gefüttert. Und er vertilgt alleine die gleiche Futtermenge, die für eine sechsköpfige Bachum Jahr, wenn viele Singvögel ein Kuckucksei ausbrüten und den Kuckuck großziehen. Eigentlich müssten die Singvögel den Irrtum bemerken. Doch der Jungkuckuck überlistet die Wirtseltern mit verblüffenden Täuschungsmanövern.

Mit Sperren und heftigem Betteln zwingt der Jungkuckuck die Bachstelze zum Füttern.

stelzenbrut ausreicht. Unablässig streckt er den fütternden Gasteltern seinen orangeroten Rachen mit den weißen Abzeichen darin entgegen.

Der Trick des Kuckucks

Weshalb erkennen nicht spätestens jetzt die Pflegeeltern diese Mogelpackung und lassen den Quälgeist im Stich? In aufwändigen Experimenten konnten englische Vogelforscher zeigen, wie der Jungkuckuck seine Wirte überlistet. Fütternde Singvögel beurteilen normalerweise den Futterbedarf nach der Gesamtfläche der aufgesperrten Schnäbel und nach der Lautstärke des Bettelns. Ein Jungkuckuck beeindruckt seine Wirtseltern mit derartig hartnäckigen und lauten Bettelrufen, dass sie, so überrumpelt, unablässig und reichlich Futter herbeischaffen. Die Menge, die er braucht, entspricht in etwa der von vier Bachstelzenkindern. Manchmal helfen sogar andere Weibchen mit.

Die Zutraulichen

Bekannt für seine großen Augen und seine Zutraulichkeit zum Menschen: das Rotkehlchen.

Grauschnäpper brüten häufig in unmittelbarer Menschennähe und sind wenig scheu.

Tipp > Reisighaufen

Ein aufgerichteter Reisighaufen oder Holzstoß mit Astteilen vom Obstbaumschnitt, etwa einen Meter aufgehäuft, ist der ideale Brutplatz für das Rotkehlchen. Dieser muss aber mehrere Jahre bestehen, weil Rotkehlchen sehr ortstreu sind und an erfolgreiche Brutorte immer wieder zurückkehren.

Der Rasen ist gemäht, der Mäher noch nicht weggeräumt. Da ist er schon da. Der Grauschnäpper scheint nicht scheu zu sein. Er sucht sich eine Sitzstange, zu der er immer wieder zurückkehrt. Das kann der Rasenmäher sein, das kann ein Fahrradgriff sein oder der Pfosten der Wäscheleine. Von hier aus beäugt er den Luftraum, startet, fliegt einen Bogen, fischt ein Insekt und landet wieder. Von uns, kaum fünf Meter entfernt auf der Terrasse, lässt er sich nicht stören. Diese Zutraulichkeit hat einen handfesten Grund. Wir haben ihm bei seinem Beruf als Fliegenfänger bestens geholfen. Das Rasenmähen hat Tausende von Insekten aufgescheucht.

Auch das Rotkehlchen setzt sich manchmal unmittelbar neben den Gärtner und sieht ihm mit großen runden Augen bei der Arbeit zu. Auch seine geringe Scheu hat einen Grund. Die Gärtnerin oder der Gärtner lockern die Erde und bringen dabei zahlreiche Gliederfüßer zum Vorschein. Nur wer zu scheu ist, lässt sich diesen gedeckten Tisch entgehen.

Wie können wir diese schönen und zutraulichen Vögel in unseren Garten locken? Das Rezept ist denkbar einfach. Es heisst, Mut zu etwas Schlampigkeit. Einfach mal warten, bis der Rasen etwas länger wurde und Insekten anzog, freut den Grauschnäpper. Und das Rotkehlchen braucht einen unordentlichen Reisighaufen zum Brüten. Für den ordnungsliebenden Gärtner gibt es die Möglichkeit, künstliche Halbhöhlen und andere Nistkästen im Garten aufzuhängen.

Die besten Nisthilfen

Rund ums Haus kann das Vogelleben sehr reichhaltig sein. Wenn man weiß, welche Ansprüche die einzelnen Arten an ihren Lebensraum haben. Die besten Bruthilfen berücksichtigen dabei Höhlen- und Halbhöhlenbrüter.

Beginnen wir direkt unter dem Dach. Schon beim Bau des Hauses können hier besondere Steine eingelassen werden, die den Felsbrütern unter den Vögeln dienen. Es gibt im Handel Steine mit Öffnungen und gegossene Halbschalen. Diese Nischen unterstützen Mauersegler und Mehlschwalben, Haus- und Gartenrotschwanz. Wichtig ist es, diese Nisthilfen so hoch wie möglich anzubringen.

Als wirksame Bruthilfen haben sich auch etwa einen Meter lange und einen halben Meter hohe Holzkästen erwiesen, mit einem Ausgang zum freien An- und Abflug versehen und in Kirchtürmen, Scheunen und hohen Gebäuden angebracht. Sie werden fast über Nacht von Turmfalken und Schleiereulen als Ersatzbrutplatz angenommen.

Oft kann man schon mit einem Brettchen von zwanzig mal dreißig Zentimetern, dicht unter dem Dachfirst angebracht, Bachstelze, Fliegenschnäpper und Hausrotschwanz anlocken. Diese drei Arten schlüpfen nicht gern durch ein Flugloch, sondern wollen den freien Zugang zu einem Nest in einer Nische des Hauses. Früher gab es überall kleine Nischen mit offenen Balken, heute sind Häuser aus Energiegründen hermetisch abgeriegelt. Ein vogelfreundlicher Haushalt hilft da mit künstlichen Nisthilfen nach.

Höhlen für Höhlenbrüter

Der weitverbreitete Starenkasten ist ein Musterbeispiel dafür, wie man mit Hausangeboten Vögel anlocken kann. Jetzt muss man nur noch die Haustypen variieren. Und diese suchen sich viele Vögel nach der Eingangstüre aus. Blau- und Sumpfmeisen mögen ein rundes Loch von 27-28 mm Durchmesser. Kohlmeise, Trauerschnäpper und Wendehals brauchen

Künstliche Nistkästen aus Holzbeton haben sich bestens bewährt. Sie sind leicht zu reinigen.

Der Gartenrotschwanz liebt Nistkästen mit ovalen Eingängen. Am besten zwei davon.

Steinkäuze brauchen lange Holzröhren, die auf einem Ast aufliegen.

Halbhöhlen gibt es auch als Fertigbausteine zum Einmauern. Nachteil: schwer zu reinigen.

32-34 mm große Rundöffnungen, ein Star 45 mm große und ein Waldkauz 120 mm große. Etwas eigensinnig sind Gartenrotschwanz und Kleiber. Ihr Einflugloch muss ausgerechnet oval sein. Es sollte 45 mm hoch und 30 mm breit sein. Garantiert ist der Erfolg für den Gartenrotschwanz, wenn man eine „Doppeltür" einbaut. Zwei ovale Einfluglöcher nebeneinander finden Gartenrotschwänze unwiderstehlich.

Für alle Nistkästen gilt, dass sie nicht zur Wetterseite ausgerichtet sind und, wenn möglich, nicht dauerbesonnt sind. Sie müssen auch einmal im Jahr leicht zu reinigen sein. Der Handel bietet viele perfekte Lösungen an, die zum Beispiel auch Gartenbaumläufer, Steinkauz oder Waldkauz berücksichtigen. Wer sein Vogelheim dennoch gerne selbst baut, findet zahlreiche Bauanleitungen unter www.umweltwerkstatt-wetterau.de/nisthilfe.pdf. Es gibt unendlich viele Gestaltungsmöglichkeiten. Nur einen Fehler sollte man sich verkneifen: Die Sitzstange vor dem Haus fördert nicht das Wohlbefinden des Hausbesitzers, sondern lässt nur Marder und Eichhörnchen besser Halt finden.

Der großräumige Starenkasten mit zu öffnender Vorderfront wird gerne angenommen.

Die Halbhöhle

Sehr erfolgreich wird ein Nistkasten angenommen, dem, einfach gesagt, die halbe Vorderseite fehlt. Diese „Halbkästen" sind für Bachstelzen, Fliegenschnäpper und Hausrotschwanz geeignet. Da sie aber für Nesträuber nicht erreichbar sein sollen, muss die Anbringung sehr sorgfältig geplant werden. Um vor dem Wetter geschützt zu sein, empfiehlt sich eine Ausrichtung nach Osten. Um vor Katzen und Mardern sicher zu sein, ist eine halbhohe Anbringung an Hauswänden empfehlenswert. An Garagen und Carports ist zu vermeiden, dass diese Nesträuber von oben auf das Haus springen können.

Vögel scheinen ein gutes Gespür für sichere Standorte zu haben und nehmen ein Haus sofort an, wenn die Überlegungen des Bauherrn richtig waren.

Denken Sie beim Aufhängen der Nisthilfen daran, dass Vögel nicht zu eng zusammen wohnen möchten. Es gibt nur eine Ausnahme: der Haussperling. Er ist Koloniebrüter und am liebsten wären ihm viele Höhleneingänge nebeneinander.

Sommer

Mit dem Einzug des Sommers werden die Vogelgesänge leiser und weniger. Sie sind meist an die Brutzeit des Frühlings gekoppelt. Doch einige Arten rund ums Haus verschaffen sich im Juni und Juli erneut Gehör. Der Buchfink ist so ein eifriger Sommersänger. Auch die Mönchsgrasmücke trillert noch täglich ihr strahlendes Lied im dichten Buschwerk von Parks und Gärten. Dort wimmelt es jetzt von Vogelnachwuchs. Überall piepsen Familien umherziehender Meisen, Zaunkönige oder Feldsperlinge. Plötzlich und unerwartet sitzen auch die weißen Federknäuel von Waldohreule oder Waldkauz auf den Bäumen mitten im Dorf. Der Sommer rund ums Haus gehört dem Vogelnachwuchs.

Das Wunder Vogel

Weltweit gibt es rund 10 000 verschiedene Vogelarten, in Europa sind es etwa 500. Jeder Vogel besitzt eine andere Lebensweise, hat andere Vorlieben und andere Lebensnischen. Eindrucksvoll ist die Vielfalt der Vögel. Sie reicht vom winzigen Goldhähnchen mit acht Gramm Gewicht bis zum eindrucksvollen

Vorherige Seite:

Großes Bild:
Die jungen Amseln haben gerade erst das Nest verlassen. Bettelnd rufen sie die Eltern herbei.

Kleines Bild:
Der Buchfink singt auch noch im Sommer sein Lied. Er verteidigt seine Nahrungsreviere sehr lange.

Wunderwerk Feder:
Vogelfedern sind unbenetzbar. Der Regen perlt einfach ab.

Das Besondere an den Vögeln sind die Federn. Sie bestehen aus Keratin, einem Stoff, der sich aus Aminosäuren aufbaut. Eine Vogelfeder ist federleicht, widerstandsfähig und wasserabstoßend. Sie isoliert, wärmt und wächst nach. Diese zarten Wundergebilde umhüllen den Vogel und formen Tragflächen zum Fliegen. Ein Haussperling trägt 1400 Federn auf dem Leib, eine Singdrossel hüllt sich in 3300 Federn und das schneeweiße Federkleid eines Höckerschwans besteht aus mehr als 25 000 Einzelfedern.

Die Kunst des Fliegens

Mit der Entwicklung einer gewölbten Federfläche, die in der Luft Auftrieb erzeugt, ist den Vögeln der einzigartige Schritt gelungen, weltweit operieren zu können. Vögel sind so flexibel und mobil, dass sie sich jederzeit neue Nahrungsquellen erschließen können. Eines der besten Beispiele für die weltweite Erschließung von Nahrungs- und Brutgebieten ist die Zwergseeschwalbe. Dieser nur 40 Gramm schwere Vogel umkreist jedes Jahr einmal die Erde. Auch die menschlichen Siedlungen haben sich zahlreiche Vogelarten erschlossen. So können wir direkt aus dem Wohnzimmer vielen Vögeln bei ihren kunstvollen Flugspielen zusehen: Etwa, wenn ein Grauschnäpper eine Fliege aus der Luft fängt oder Mauersegler im Sommer mit über 200 Stundenkilometern durch die Straßenschluchten fegen.

Ein Ersatz für die Hand

Vögel haben keine Hände wie wir Säugetiere. Ihre Hände sind die Flügel. Als Ausgleich haben sie den Schnabel entwickelt. Und sie haben diesen einfachen knöchernen und hornigen Schnabel enorm variiert. Es gibt den Schnabel für Körnerfresser, den Schnabel, um feinste Borkenritzen zu durchsuchen und den meißelartigen zur Holzbearbeitung. Es gibt den groß aufreißbaren Fliegenkäscher bei den Schwalben, den mit dem Haken zum Festhalten einer Maus bei Greifvögeln und Eulen. Und es gibt den Allzweckschnabel, mit dem man Früchte ebenso halten kann, wie Regenwürmer aus dem Boden ziehen. Die Entwicklung vielfältiger Schnabelformen ist ein wichtiger Motor der Vogel-

Seeadler mit über zwei Metern Flügelspannweite. Welche Erfindungen der Natur haben es ermöglicht, eine derartig eindrucksvolle Bandbreite von Vögeln entstehen zu lassen?

Links: Unterschiedlich geformte Handschwingen bilden eine gewölbte Tragfläche, den Flügel.

Rechts: Der Schnabel eines Rotkehlchens ist wie eine Pinzette geformt. Damit lassen sich Insekten fangen und festhalten.

entwicklung gewesen. Charles Darwin konnte auf den Galapagos-Inseln erstaunt feststellen, wie viele Schnabelvarianten allein dort die Finken entwickelten.

Die Lebensnischen

Wie ein Vogel mit seinem Schnabel umgeht, wie gut er fliegt, welche Nahrung er sucht und wann er aktiv ist, alle diese Eigenschaften fasst man zu dem Begriff „Lebensnische" zusammen. Damit viele Vogelarten friedlich zusammenleben können, muss jede Art eine etwas andere Lebensnische haben. Sonst würden sie sich ständig Konkurrenz machen und ihr Überleben gefährden. Gerade rund ums Haus lassen sich solche Lebensnischen wunderbar beobachten. Die Schleiereule beispielsweise verschläft den Tag und fliegt bei Nacht nahezu geräuschlos auf Mäusejagd. Die Blaumeise dagegen ist ein Insektensammler, der an den dünnsten Zweigen turnend selbst Blattläuse an deren Spitzen einsammeln kann. Die Singdrossel wieder-

um hat sich auf Schneckenhäuser spezialisiert, die sie an Steinen zertrümmert. Und für Schwalben sind unsere Häuser die besten Felsen, an denen sie ihre Napfnester aus Lehm anbringen können. Die Straßen, Wege und Gewässer im Umfeld der Menschen sind ihre neuen Jagdstrecken.

Das Wunder der Navigation

Immer wieder erstaunt uns die Fähigkeit der Vögel, riesige Strecken zu fliegen und im Frühjahr an die gleiche Stelle zurückzufinden. So nutzen Störche nach der Überwinterung in Afrika Jahr für Jahr den gleichen Storchenhorst im Dorf. Wie finden sie über 5000 Kilometer quadratmetergenau das Nest wieder? Wie navigieren Brieftauben, woher wissen Mönchsgrasmücken, wo die besten Brutplätze liegen? Und wie findet eine Kohlmeise immer wieder zu ihrem Nistkasten zurück? Noch sind viele Wunder der Vögel nicht gelöst. Doch nichts ist reizvoller als die Beobachtung der vielfältigen Vogelwelt.

Die Elster – intelligent und lernfähig

Wer Elstern rund ums Haus beobachtet, wird eine erstaunlich vielseitige Vogelart kennen lernen.

Gelegentlicher Eierdieb. Weit weniger häufig als gedacht, wie neue Untersuchungen zeigen.

Rund ums Haus ist ihr lautes Tschackern ständig zu hören. Und wenn Elstern fliegen, so fliegen sie anders als alle anderen Rabenvögel: Mit ihrem langen gestuften Schwanz sind sie sehr manövrierfähig. Zwar wirkt ihr Flug etwas flatternd, langsam und unbeholfen, doch gerade deshalb sind Elstern in den kleingliedrigen Gärten und Wohnlandschaften wie zu Hause. In der freien Landschaft sind sie heute immer seltener zu sehen, dafür eher in Garten- und Parkgelände. Diese Vögel haben augenblicklich eindeutig den Drang zum Umzug in die Vorstadt.

Ihr Nest ist ein eigenartiger Kuppelbau aus lose zusammengesteckten Zweigen, in kahlen Bäumen ist es im Winter oft von Weitem sichtbar.

Man sagt Elstern nach, sie seien schlimme Nesträuber und würden selbst vor Jungvögeln nicht Halt machen. Das ist sicherlich richtig. Aber in jeder Tiergemeinschaft gibt es unterschiedliche Formen, sich zu ernähren. Es kommt nur auf den Blickwinkel an. Auch Meisen sind beispielsweise aus der Sicht von Schmetterlingen schlimme Räuber.

Räuber brauchen viel Verstand

Gründliche feldornithologische Untersuchungen zeigen, dass die Rabenvögel insgesamt (Elster, Rabenkrähe und Eichelhäher) keinen nachweisbaren Einfluss auf die Dichte der Singvögel in Gärten haben, wohl aber auf die Qualität der Verstecke ihrer Nester. Das heißt, Elstern sind so etwas wie eine biologische Fitnesskur für Singvögel.

Wie ist das möglich? Sind Elstern etwa intelligenter als Amsel oder Grünfink? Neueste Untersuchungen aus Bo-

Links: Schon von weitem zu sehen und typisch für Elstern: lockeres Nest aus Zweigen.

Rechts: Rabenkrähen beobachten ihre Umgebung stets lange und aufmerksam.

chum zeigten, dass räuberische Tiere „mehr Köpfchen" haben. Gerade Elstern bewiesen ein außergewöhnlich gutes Raumgedächtnis. Außerdem können sie sich sehr gut erinnern. Mit diesen ungewöhnlichen Begabungen finden sie ihre im Sommer versteckten Nahrungsvorräte auch noch im Winter wieder. Bei Versuchen, verstecktes Futter auch nach langer Zeit wiederzufinden, waren Elstern fast genauso gut wie menschliche Versuchspersonen.

Testen Sie Elstern selbst

Jeder Gartenbesitzer kann die Intelligenz von Elstern testen und sich an deren Ortsgedächtnis erfreuen. Wer zwei Handvoll geschälte Erdnüsse auf einem Gartenbeet auslegt, wird feststellen, dass die Elstern die ersten sind, die sie entdecken. Und nun kontrollieren sie täglich diese Fläche. Auch ihren Neststandort auf einer Fichte, den sie im Frühling beziehen, inspizieren sie bereits seit September des Vorjahres

Ein Test für Kleinvögel: Nur gut versteckte Nester sind vor der Rabenkrähe sicher.

fast täglich. Diese intelligenten Vögel operieren langfristig und strategisch geschickt. Es macht Freude, sie zu beobachten und ihr Verhalten aufzuzeichnen.

Wie wir Vögel beobachten

Jeder Vogelliebhaber hat andere Vorlieben. Der eine sucht nach Arten, die er, einmal gesehen, auf einer Liste abhakt; dann sucht er weitere, neue Arten. Der andere hat tagelang Freude daran, die Vögel in seinem Garten und ihr Verhalten zu beobachten. Doch beiden ist eines gemeinsam. Wir Menschen haben ein Wahrnehmungsproblem: Bedingt durch die kleine Speicherkapazität unseres Gehirns merken wir uns nur sehr einfache Muster. Jeder erkennt den Umriss eines Storches sofort, oder den eines Haubentauchers. Auch ein Schwan ist schon an seiner Silhouette zu erkennen. Benötigt man mehr Wissen, ob es sich beispielsweise um einen Höckerschwan oder einen Singschwan handelt, reicht schon die kleinste Information „roter Höcker" für eine sichere Entscheidung. Viele übrige Details speichern wir gar nicht erst ab. Es sei denn, wir betreiben viel Aufwand, um sie uns zu merken. Ein Beispiel? Hier haben Sie das Bild eines Stieglitz. Bitte betrach-

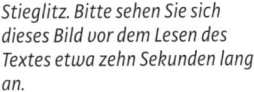

Stieglitz. Bitte sehen Sie sich dieses Bild vor dem Lesen des Textes etwa zehn Sekunden lang an.

ten Sie es einige Zeit und decken Sie es dann mit einem weißen Blatt Papier ab. Und jetzt kommen die unangenehmen Fragen:

Wo trägt der Stieglitz gelb?

Wo ist er schwarz?

Wo hat er rote Federn?

Sie werden erkennen, dass es ein viel gründlicheres Hinschauen erfordert, sich das exakte Farbmuster eines Vogels einzuprägen. Offensichtlich reicht es aber, einen Singvogel mit seiner Farbkombination zu sehen, um ihn zu erkennen. Das gleiche Spiel lässt sich fortsetzen mit den allerhäufigsten Arten wie Feldsperling oder Hausspatz.

Kombinieren bringt's

Wer schnell die Vögel rund ums Haus kennenlernen und behalten möchte, der kombiniere zwei oder drei Verhaltensweisen als Gedächtnisstütze. Die Bachstelze wippt mit jedem Schritt, fliegt wellenförmig auf und ab und ruft dabei „zillip" [CD Nr. 52].

Noch ein gutes Beispiel: Der Hausrotschwanz bewegt sich hüpfend am Boden.

Typisch für Bachstelzen: Wellenförmiger Flug und ständiges Knicksen am Boden.

Und wenn er still steht, zittert er mit dem Schwanz. Das Männchen singt in der Morgen- und Abenddämmerung immer von einer hohen Warte. Sein Lied klingt sehr gepresst [CD Nr. 47].

Mit dieser Methode werden Vögel bald zu bekannten gefiederten Freunden.

Tipp › Sommerfütterung

Es lohnt sich, an einer gut überschaubaren Gartenstelle auch im Sommer Vogelfutter auszustreuen. Am besten eignet sich hierfür eine Mischung aus käuflicher Waldvogelmischung, ungesalzenen Erdnusskernen und Rosinen. Die Futterstelle sollte alle paar Tage etwas weiter wandern, um Infektionen zu verhindern. Die Vögel reagieren sofort darauf und lassen sich aus der Nähe wunderbar beobachten. Vögel ganzjährig zu füttern wird nach zahlreichen Feldversuchen von Zoologen mittlerweile als sinnvoll und hilfreich angesehen.

Nestbaumeister

Einer der Nestbaumeister
unter europäischen Vögeln ist
die Schwanzmeise.

Mehr als 2000 Einzelteile
mussten die Schwanzmeisen
herbeifliegen, um dieses Nest
zu bauen.

Tipp > Studium der Architektur

Es ist sehr eindrucksvoll, ein leeres Vogelnest gemeinsam mit Kindern zu zerlegen. Sorgfältig auf ausgebreitetem Zeitungspapier mit einer Pinzette die einzelnen Bestandteile sortieren. Kinder bekommen schnell ein Empfinden dafür, welche Leistung ein Vogel mit seinem Schnabel und einigen Naturbaustoffen in wenigen Tagen vollbringt.

Der kunstvolle ovale Beutel aus Moos, Pflanzenwolle und Spinnengeweben dicht am Stamm des Wacholders ist kaum zu sehen. So geschickt ist die Kugel, 24 cm hoch und 12 cm breit, mit Flechtenstücken getarnt. Erst bei näherem Hinsehen entpuppt sich der kunstvolle Kuppelbau als Nest. Wer hat dieses Wunderwerk vollbracht?

Es sind kleine Vögel, die auf der Suche nach Insekten und Spinnen lebhaft in den Zweigen turnen. Aus über 2000 Einzelteilen bauten sie dieses Nest. Mit nichts anderem als ihrem Schnabel. Sie schleppten Moos, Flechten, Spinnennetze, Pflanzenwolle, Federn und Haare herbei und verwoben sie miteinander. Jetzt Anfang Juni wird auch deutlich, warum dieses Nest so aufwändig gebaut ist. Dreizehn junge Schwanzmeisen im Inneren des Brutbeutels strapazieren das Nest kräftig. Oft füttern mehrere Schwanzmeisen die Jungen gleichzeitig. Es sind unverpaarte Altvögel, die den Eltern helfen: Eine Besonderheit der Schwanzmeisen, die nicht zu den Eigentlichen Meisen gehören, sondern eine eigene Vogelfamilie bilden.

Wenn Vögel lästig werden

Für manche Vogelarten haben sich unsere Städte als Lebensräume erwiesen, die eine fast ungehemmte Vermehrung ermöglichten. Das beste Beispiel dafür sind die Stadttauben. Ihr Ursprung liegt in den Felsentürmen nordischer Meeresküsten und auf den abgelegenen Felsen im Mittelmeerraum. Dort besiedelt die Felsentaube als Urmutter aller gezüchteten Haustauben noch immer diese Lebensräume. In den Städten fanden die verwilderten Haustauben alles im Überfluss: Brutnischen, ganzjährig Futter und beliebig viele Artgenossen. Das Ergebnis sind Taubenplagen, mit denen alle Metropolen zu kämpfen haben. Taubenkot verschmutzt Gebäude und gefährdet architektonische Meisterwerke, Taubenparasiten bergen gesundheitliche Gefahren für den Menschen.

Die Saatkrähe: Mittlerweile ein häufiger Vogel der Stadt mit großen Brutkolonien.

Dicht bei dicht liegen die Nester. Das Zusammenleben mit den Vögeln ist oft nicht einfach.

Wie groß ist die Gesundheitsgefährdung?

Zahlreiche wissenschaftliche Untersuchungen zeigen, dass die gesundheitliche Gefährdung durch die Tauben nicht größer ist als durch Ziervögel in unseren Wohnungen. Auch Salmonelleninfektionen gehen nachweislich nicht von Tauben aus. Lediglich Hautstiche durch Taubenzecken können sehr lästig werden. Dennoch bleiben die Stadttauben mit ihren großflächigen Verschmutzungen an Gebäuden ein Ärgernis.

Lassen sich Tauben regulieren?

Das wirksamste Mittel zum Eindämmen der Tauben ist ein absolutes Fütterungsverbot. Dennoch bietet die Stadt noch immer genug an Körnern und Essensabfällen. Der zweite Weg ist es, historische Bauten mit Netzen zu versehen oder Nischen mit Drahtnadeln zu besetzen, um Tauben den Zugang zu verwehren. Selbst Köder mit Sterilisationsmitteln wurden eingesetzt. Der Erfolg all dieser Maßnahmen ist sehr schwer abzuschätzen, da seit Mitte der achtziger Jahre eine natürliche

Paramyxovirus-Erkrankung über die Hälf-
te der Stadttauben dezimiert hat.

Kolonieweise Saatkrähen

Dicht bei dicht liegen die Nester der Saatkrähen im Parkwald. Lautstark bezieht die
Kolonie im April ihre Nester und versieht
Straßen, Autos und Gärten darunter mit
einem Kotregen. Dass diese Vogelart nicht
gerade Bewunderung und Wertschätzung
auf sich zieht, ist mehr als verständlich.
Doch ein sinnvolles Vorgehen ist nicht
einfach. Saatkrähen lebten früher vorwiegend auf den Feldern, um dort viele land-
wirtschaftliche Schadtiere wie Drahtwürmer, Schnecken, Kohlschnaken, Dungkäfer
und sogar Feldmäuse zu dezimieren. Ihre
Brutkolonien lagen oft in Pappelwäldchen
in der Nähe. Mit der intensiven Landwirtschaft sind die Schädlinge als Feldnah-
rung sehr selten geworden. Die Saatkrähen verbringen zunehmend die Winter in
der Stadt, weil sie auf den Mittelstreifen
der Straßen und an Wegrändern immer
etwas Freßbares finden. Konsequenter-
weise sind sie auch mit den Nestern in die
Stadt gezogen.

Lassen sich Saatkrähen regulieren?

Wahrscheinlich sind nur zwei Maßnah-
men sinnvoll: tägliches Vergraulen einer
Kolonie mit Beizfalken und rechtzeitiges
Ausschneiden der Nester im Frühjahr.
Beide Maßnahmen erfordern die Geneh-
migung von Naturschutzbehörden.

Tauben gehören in den Städten längst zum gewohnten Bild. Nicht immer sind sie unproble-matisch.

Taube trinkend am Brunnen – ein gern fotografiertes Motiv.

Weniger gern gesehen: brütende Taube und Verschmutzungen von Baudenkmälern.

Fliegenfänger

Ruhig sitzt der kleine Vogel auf dem Draht des Weidezaunes. Seine typischen Kennzeichen: Gestreifter Oberkopf, Kehle und Brust hell mit dunklen Längsstreifen, Auge auffällig dunkel, Schnabel schmal, lang und dunkel. Noch ist die Diagnose im Fernglas nicht ganz eindeutig. Grasmücke oder Laubsänger? Dann aber drückt er sich ab zu einem Luftsprung, fliegt eine Schleife und landet am selben Platz mit einer Kohlschnake im Schnabel. Jetzt ist die Bestimmung eindeutig und sicher. So

etwas kann nur ein Fliegenschnäpper. Die ganze Familie der Muscicapidae (wörtliche Übersetzung: Fliegenschnäpper) lebt nach dieser Weise. Drei Arten davon können wir in Gärten und Parks beobachten, allerdings nicht überall gleichzeitig.

Überall zu Hause

Der Graue Fliegenschnäpper, oder kurz auch Grauschnäpper genannt, ist der häufigste dieser Familie und in ganz Eu-

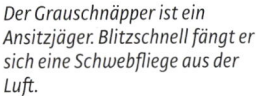

Der Grauschnäpper ist ein Ansitzjäger. Blitzschnell fängt er sich eine Schwebfliege aus der Luft.

Tipp › Nachschub für Höhlenbrüter

Viele Gartenvögel sind Höhlenbrüter und können mit künstlichen Nistkästen aller Art bestens unterstützt werden. Dabei sind Größen und Durchmesser der Einfluglöcher zu berücksichtigen (siehe Seiten 48/49). Besonders die Spätheimkehrer aus Afrika leiden unter Wohnungsnot. Am besten hilft den Fliegenschnäppern: ab Mitte April noch einmal ein reichliches Höhlenangebot bereitzustellen. Optimal sind dicke Laubbaumstämme in etwa 2 m Höhe für die richtige Präsentation der neuen Nisthöhlen.

ropa zu finden. Zur Brut bezieht er Maurernischen, Halbhöhlen-Nistkästen, Dachgebälk im Carport oder Rollokästen. Solchen Brutplätzen bleibt er lange treu.

Der Trauerschnäpper

Diese Fliegenschnäpperart bevorzugt den Norden Mitteleuropas, teilweise auch Spaniens. Er ist nicht zu übersehen, wenn er kontrastreich schwarzweiß gezeichnet im Obstgarten oder Park auftaucht. Ständig zuckt er nervös mit den Flügeln und dem Schwanz. Vielleicht deshalb, weil er ständig aufgeregt mit Meisen und Rotschwänzen um Nisthöhlen kämpfen muss. Als Spätankömmling aus Afrika findet er ohnehin meist nur besetzte Höhlen vor. Wer diesen Vogel fördern will, hängt Höhlen-Nistkästen erst Mitte April in Laubbäume, wenn Meisen und Rotschwänze längst brüten.

Der Halsbandschnäpper

Der Halsbandschnäpper sieht dem Trauerschnäpper sehr ähnlich, hat aber ein weißes Nackenband und einen weißen Bürzel. Er ist gewissermaßen der Fliegenschnäpper des Südens, geht dem Trauerschnäpper aus dem Weg, indem er südliche Gefilde bis Sizilien und dem Schwarzen Meer besiedelt. Außerdem mag er Mittelgebirge um die 1200 m Höhe.

Drei Fliegenschnäpper, die wir gerne um uns haben, die sich die europäischen Fliegen geschickt untereinander aufgeteilt haben.

Häufiger Gartengast im Norden: der Trauerschnäpper, ein eifriger Fliegenfänger.

Kennzeichen Nackenband: Der Halsbandschnäpper zieht südlichere Gebiete und Mittelgebirge vor.

Wohnen auf dem Feuerlöschteich

„Platz ist in der kleinsten Hütte". Zu dieser Ansicht könnte man gelangen, wenn man beobachtet, welche Vögel sich selbst einen Feuerlöschteich in Vorstadt oder Dorf als Lebensraum erschließen. Im ersten Jahr nach der Anlage gab es noch kaum Vegetation. Aber ein Pärchen Stockenten war schon da. Diese Entenart besitzt zwei Eigenschaften: Sie liebt kleinste Gewässer und sie ist wenig menschenscheu. Im darauffolgenden Jahr kam der erste Pflanzenbewuchs. Auf dem Wasser schwamm Entengrütze und am Ufer siedelten sich die ersten Rohrkolben an. Da besiedelte ein Pärchen Blässhühner den Teich. Auch sie sind Vegetarier und kommen mit den Wasserpflanzen eines kleinen Teiches gut

Daheim auf kleinen Tümpeln: das Teichhuhn füttert sein Küken mit Wasserpflanzen.

zurecht. Ihr Nest mit typischem schrägen Aufgang bauen sie in die kleine Rohrkolbenzone. Wieder ein Jahr später waren die Blässhühner nicht mehr da. Dafür eine nahe Verwandte. Das grünfüßige Teichhuhn schwamm jeden Morgen mit ruckartigen Bewegungen entlang der sich bildenden Schilfzone. Es blieb sogar im Winter, bis der Teich zugefroren war. Im Sommer sah man das Teichhuhn mit seinen rotköpfigen Jungen im Ufergras umherspazieren und ihnen sorgsam kleine Pflanzenstücke sowie Schnecken und Würmer reichen. Blässhuhn und Teichhuhn sind leicht auseinanderzuhalten. Das Blässhuhn trägt ein weißes Stirnschild, das Teichhuhn ein rotes, außerdem eine gelbe Schnabelspitze. Beide sind keine Hühner, beide gehören zu den Rallen.

Kleine Tümpel – kleine Taucher

Im fünften Jahr seines Bestehens war der Feuerlöschteich schon zu einem Drittel verlandet. Ein dünner Schilfgürtel hatte sich gebildet und daraus waren täglich mehrmals helle und laute Triller zu hören. Der Rufer war nur schwer zu finden. Doch wer sich mit Geduld und einem Fernglas ans Ufer setzte, sah das kleine Federknäuel mit dem rotbraunen Hals und dem weißen Fleck am Schnabel. Der Zwergtaucher ist ein sehr heimlicher Vogel. Fühlt er sich beunruhigt, presst er Luft aus seinen Federn und taucht bis zum Hals unter. Er ist einer der wenigen Vögel, bei denen die Partner ein Duett singen. Es besteht aus Trillern, die sich anhören wie „bibibibibi".

Typisch für den kleinen Zwerg-taucher ist der weiße Fleck unter dem Auge.

Regungslos lauert der Grau-reiher auf seine Beute. Kleinfische gehören dazu.

Der geduldige Jäger

Abends wenn es ruhig auf den Straßen wurde und die Gärten samt ihren Garten-teichen vereinsamt dalagen, schwebte er ein. Immer engere Spiralen zog er zwi-schen den Häusern und landete mit lang ausgefahrenen Beinen – der Graureiher wusste genau, was ihn hier erwartet. Im Feuerlöschteich ebenso wie in einigen Gartenteichen der Umgebung leuchteten sie schon aus der Luft, die gut gemästeten Goldfische. Solch leichte Beute kann sich ein Fischräuber nicht entgehen lassen. Wer diesen Fischzug dennoch nicht mag, muss schon ein Netz über das Nass span-nen. Denn jeder Vogel muss Opportunist sein, er muss jede Nahrungschance nut-zen. Je leichter sie sich ihm bietet, umso besser kann er sie nutzen. Und er wird wiederkommen, bis die Quelle versiegt.

Bauernglück

Eine Rauchschwalbe an der feuchten Lehmpfütze. Aus Lehm und Speichel baut sie ihr Nest.

Seit Urzeiten bedeutet ein Rauchschwalbennest im Haus Glück für alle Bewohner.

Tipp > Baustoff für Schwalben

Wo Schwalben in Dorf oder Stadt auf dem Boden sitzen, suchen sie nach feuchtem Lehm zum Nestbau. Da solche Stellen mittlerweile Mangelware sind, lohnt es sich, diese Nassstellen zu pflegen. Bei Trockenheit mit einer Gießkanne Wasser den Lehm feucht halten hilft den Schwalben ebenso wie der Verzicht, jeden noch so kleinen Weg zu befestigen.

Mehlschwalben bauen ihre Nester stets außen am Haus und oft kolonieweise.

Blitzartig schießt der schlanke Vogel mit der langen Schwanzgabel durch das offene Stallfenster, ruft sein zwitscherndes „wid-wid" und landet am Nest unter der Decke. Es ist aus Schlamm gebaut und mit zahlreichen Grashalmen fest armiert. Wie eine aus Lehm geformte Tasse hockt es dicht unter der Stalldecke auf einem kleinen Brettchen. An so sicheren Plätzen zu brüten, ist risikoärmer als draußen. So können sich Rauchschwalben auch eine lange Nestlingszeit gönnen. Ihre Jungen verlassen erst nach drei Wochen das Nest. Dieses Jahr füttern sie schon die zweite Brut. Viele Jungen strecken den Eltern ihren hungrigen gelben Rachen entgegen.

Schwalben bringen Glück

Seit grauen Vorzeiten brüten die Schwalben schon in Menschennähe. Einst flogen sie durch die Rauchluken im Dach in die Bauernhäuser und erhielten daher ihren Namen „Rauchschwalben". Heute sind sie als Fliegenfänger mit großem Energiebedarf für zwei bis drei Bruten und jeweils fünf bis sieben Jungschwalben in den Ställen hochwillkommen.

Mehlschwalben brüten draußen

Die nah verwandte Mehlschwalbe mit dem weißen Bürzel heftet ihre Lehmnester häufig unter Dachvorsprünge. Wer beide Glücksbringer am und im Haus haben will, befestige einfach schmale Brettchen unter den Giebeln und in den Schuppen. Sie bändigen den Schmutz.

Spatzenvolk

Hätten Sie das gedacht? Unser häufigster Mitbewohner in den Siedlungen ist ein Webervogel. Ein naher Verwandter derer, die in der Savanne so kunstvolle Hängenester an die Affenbrotbäume zaubern. Gelegentlich zeigt das Spatzenvolk auch bei uns seine Baukunst. Doch meistens sind Spatzennester liederlich.

Außer auf den Halligen im Wattenmeer und in hoch gelegenen Gebirgsdörfern fehlt der wohl erfolgreichste Vogel der Erde kaum irgendwo. Der Haussperling hält sich immer in der Nähe des Menschen auf. Er nistet unter dem Dach, hinter Fensterläden, in Mauerlöchern, zieht in leere Schwalbennester, bewohnt als geduldeter Untermieter ein Storchennest und besiedelt auch Nistkästen. Sein Nest ist ein überdachtes Gebilde aus Grashalmen, häufig etwas liederlich mit Federn ausgelegt. Nach alter Webervogelsitte lebt er auch in Menschennähe im Verband und siedelt kolonieartig zusammen. Eine Kolonie besteht aus 10–20 Brutpaaren, ein Volk oft aus 50 Spatzen.

Die erfolgreichsten Vögel der Erde brüten am liebsten in Kolonien unter dem Dach.

Herr und Frau Sperling

Kennzeichen des männlichen Haussperlings ist sein grauer Scheitel und die schwarze Kehle mit den weißlichen Wangen. Der weibliche Haussperling ist wesentlich schlichter gefärbt und ähnelt den Jungtieren, die man jetzt im Sommer eigentlich nur als Spatzen erkennen kann, weil sie im Schwarm ständig irgendjemanden aus der Spatzensippe mit vibrierenden Flügeln anbetteln.

Ständig Brutzeit

Ob im Kaffeegarten, an der Imbissbude, auf dem Parkplatz oder an der alten Berberitzenhecke – überall wo ein Spatzenvolk wohnt, lässt sie sich erleben: die Werbung der Spatzenmänner. Mit aufgestelltem Schwanz, aufgeplustertem Gefieder, hängenden Flügeln und lautem Gezeter hüpfen einige Männchen um ein Weibchen. Woran es den attraktivsten Spatzenmann erkennt, ist noch nicht genau bekannt. Vermutlich ist es die Schwärze seines Brustlatzes, die ihr die beste Federkondition anzeigt. Nach der häufigen Paarung brüten beide Partner abwechselnd und füttern die Jungen auch gemeinsam. Haussperlinge schaffen bis zu fünf Bruten im Jahr, ein Spatzenvolk kann im Sommer auf 30 Tiere anwachsen.

Der kleine Bruder

Der Erfolg des kleineren Bruders kam erst in jüngster Zeit, als auch der schlankere

*Dafür ist das Volk umso lauter. Es wohnt einfach zur Untermiete in Storchen-
nestern, Nistkästen oder unter losen Dachschindeln. Mensch und Spatz sind
zur Lebensgemeinschaft geworden.*

Feldsperling in Nordamerika, Australien
und Neuseeland Fuß fasste. Wie vertra-
gen sich beide, wenn es darum geht, das
Umfeld des Menschen gemeinsam zu
nutzen? Die Antwort ist eindeutig. Der
Feldsperling meidet in Europa die reinen
Stadtgebiete und bewohnt Gärten, Parkanlagen und Heckenstreifen an den
Stadträndern. Wird er vom großen Bruder
verdrängt? Vieles spricht dafür, denn in
Südostasien, wo der Haussperling schwä-
chelt, ist er der Spatz der Stadt. Unverwechselbar trägt er seine ackerbraune
Mütze als Kennzeichen der Männchen,
außerdem einen schwarzen Ohrenfleck
und zwei schmale weiße Flügelbinden.
Die Weibchen sind wie die Jungtiere blas-
ser gefärbt.

Feldsperlinge brauchen eine richtige
Höhle und bauen darin ein überdachtes
Nest. Mal sind es Nistkästen, mal Brut-
röhren von Uferschwalben in der Sand-
grube oder leer stehende Spechthöhlen.

*Oben: Herausragende trockene
Grashalme unter dem Dach
zeigen: hier wohnen Spatzen.*

*Links: Haussperling mit typisch
grauer Kopfplatte beim Trinken
an einer Pfütze.*

Wechselbäder: Mal trocken –
mal nass

Beide Sperlingsarten baden gerne und
ausgiebig. Bei heißem Wetter vor allem in
flachen Pfützen, Brunnen oder flachen
Gartenteichen. Ansonsten nehmen beide
gerne gruppenweise Staubbäder. Je feiner
der Staub, umso lieber plustern sie sich
das Sandpulver in die Flügel. Das Staub-
bad ist auch so etwas wie eine Reinigung.
Sperlinge haben mindestens 15 verschiedene Milbenarten im Gefieder, Flöhe,
Lausfliegen und einige Federlinge. Dieser

*Sperlingshochzeit. Die braunen
Köpfe weisen das Paar unverkennbar als Feldsperlinge aus.*

Parasitenschar kann man nur zu Leibe rücken, wenn man deren Atemwege mit
feinstem Staub verstopft, um sie zu ersti-
cken.

Erste Hilfe für Vögel

Tipp > Die beste Hilfe heißt Ruhe

Verletzte Vögel sollte man immer gleich in einen dunklen Karton setzen und warm halten. Rat und Auskunft über Menschen, die sich mit der Pflege verletzter Tiere auskennen, hat jedes Tierheim parat. Natürlich ist auch ein Tierarzt mit Kleintierpraxis eine gute Adresse..

Die kleine Drossel sitzt auf dem Rasen und piepst jämmerlich. Die gelben Ränder am Schnabel lassen den Jungvogel erkennen. Auch das Federkleid ist noch etwas zerzaust. Jetzt im Frühsommer findet man häufig solche scheinbar verlassenen und hilfebedürftigen Vögel. Diese unechten Waisen sind oft Drosseln, Amseln oder Stare, gelegentlich auch Waldkäuze und Waldohreulen, die das Nest schon verlassen, bevor sie fliegen können. Ihre Laute sind Kontaktlaute zu den Eltern, die sie meist auch finden und weiterfüttern. Dennoch kann man dem vorwitzigen Jungvogel weiterhelfen, indem man ihn wieder auf einen Ast setzt,

Fiepende Singdrosseln auf dem Rasen nicht mitnehmen. Sie werden nach kurzer Zeit meist gefüttert.

Oben: Jungtiere sollte man beobachten und feststellen, ob sich ein Altvogel darum kümmert.

Unten: Junge Waldkäuze verbringen oft den ganzen Tag ohne Futter und werden erst abends versorgt.

Solange eine Singdrossel sperrt, lässt sie sich füttern. Diese ist bald selbständig.

damit er vor Katzen sicher ist. Haben Sie keine Scheu, den kleinen Vogel anzufassen. Vögel riechen nur schlecht und lassen sich von Fremdgerüchen nicht abschrecken. Ergreifen Sie den Vogel mit einer Hand und legen Sie die andere Hand über die Flügel, damit er aufhört zu flattern. Bei Eulen und Greifvögeln ist es ratsam, dabei einen Handschuh zu tragen, denn die Fänge dieser Beutegreifer tragen dolchartige Krallen. Sollten sich nach dem Hochsetzen in den Busch tatsächlich keine Vogeleltern mehr um das Jungtier kümmern, lohnt sich das Füttern. Sobald Jungvögel sperren, kann man sie auch leicht aufpäppeln. Man setze sie in einen mit Zeitungspapier ausgekleideten Karton und reiche ihnen mit einer Pinzette kleine Bällchen von Hundefutter aus der Dose. In jedem Tierheim gibt es Adressen von Leuten, die sich mit der Aufzucht von Vögeln bestens auskennen, Hilfe oder Rat erteilen oder das Tier pflegen.

Nachts lautlos unterwegs

Rechts oben: Ein Waldkauz verschläft den Tag in einem Astloch. In der Dämmerung wird er lebendig.

Rechts unten: Waldohreulen sitzen tagsüber regungslos am Stamm. Ihre Rindenfärbung tarnt sie.

Die meisten Vögel in unserer Umgebung sind tagsüber aktiv. Sobald es dunkel wird, ziehen sie sich zum Schlafen zurück. Ihre Ruhezeit ist sehr unterschiedlich. Während Rotkehlchen noch in der Dämmerung nach Würmern suchen, sind Tauben und Sperlinge längst schlafen gegangen. Dabei stecken sie den Schnabel unter die Schulterfedern oder lassen den Kopf auf die Brust sinken. Doch für einige Vogelarten beginnt erst in der Dunkelheit das Leben.

Eulen im Dorf

Der Waldkauz fängt die Maus nachts vor allem mit seinem feinen Gehör.

Im Dorf, umgeben von hohen alten Laub- und Nadelbäumen, haben sich zwei Eulen

eingenistet. Nur selten werden sie wahrgenommen. Doch plötzlich sitzen eines Tages auf den alten Ulmen drei graue Federknäuel und blinzeln verschlafen in den Tag. Gegen Abend beginnen sie zu fiepen und werden auch gleich gefüttert. Es sind junge Waldkäuze. Diese Eule alter Laubmischwälder braucht geräumige Höhlen, die sie oft eher in Menschennähe findet. Dort gibt es geeignete Nistkästen oder zur Not auch Mauerhöhlungen. In ländlicher Umgebung fangen Waldkäuze häufig

Die Speiballen mit den unverdaulichen Beuteresten nennt man „Gewölle".

Mäuse. In der Stadt fangen sie Kleinvögel und Tauben. Nach Regenfällen erbeuten sie sogar über den Boden hüpfend Regenwürmer.

Die Schleiereule jagt oft in großen Feldscheunen nach Mäusen.

Lautloser Flug

Für die lautlose Annäherung an ihre Beute besitzen Eulen besondere Flugfedern. Deren flaumige Ränder dämpfen jedes Geräusch beim Fliegen. Das nutzt auch die Schleiereule, die oft noch in Kirchtürmen oder in großen Scheunen brütet. Eulen müssen schon deshalb lautlos fliegen, weil sie sich mit dem Gehör orientieren. Deswegen tragen Waldkauz, Schleiereule und Waldohreule auch einen Federkranz um das Gesicht, der wie ein Schalltrichter wirkt. So können sie selbst die leisesten Trippelschritte einer kleinen Maus wahrnehmen und orten.

Die Nadelbaumeule

Oft ist es nur der einzige Nadelbaum eines Ortes, eine große alte Fichte beispielsweise. Dort wohnt häufig die Waldohreule in einem alten Elsternnest. Eigentlich ist sie in kleinen Nadelwäldern zu Hause, den typischen „Stangenhölzchen". Doch mit dem Einzug der Fichten in Parks und Gärten kam auch sie im Lebensraum von uns Menschen an. Manchmal hört man in der Dämmerung ein leises „huh". Doch häufiger sieht man sie dicht am Stamm still sitzen und mit aufgestellten Kopffedern abwarten, bis ihre Zeit wieder kommt – die Nacht.

Tipp > Auf Gewölle achten

Unter dem Schlafplatz von Eulen liegen oft dunkle Ballen, die zahlreiche Knöchelchen enthalten. Dies sind die Speiballen der Eulen. Sie bestehen aus unverdaulichen Knochenteilen von Mäusen und deren Fell. An den Zahnformen der enthaltenen Kieferknochen lassen sich oft sogar die Mäusearten bestimmen, die die Eulen gefangen haben. An solchen Fundstellen schauen Sie nach oben. Dort verschlafen mit Sicherheit Waldkauz oder Waldohreule den Tag.

Weiße Strichspuren an den Außenmauern von Kirchen zeigen schon von Weitem Schleiereulenvorkommen an. Diese verräterischen Kotspuren sind immer dort zu sehen, wo die Eulen hineinschlüpfen und oft auch sitzen.

Die Königin der Nacht

Selten zu sehen, häufig in der Nacht weithin klagend zu hören: die Nachtigall.

Unten: Ihre Lebensräume liegen oft dort, wo auch Wein gedeiht. Beide sind sie wärmeliebend.

Ganz unten: Dicht über dem Boden, im stacheligen Gebüsch ist das Nest mit den olivgrünen Eiern versteckt.

Tipp > Spielen Sie Lockvogel!

Wer eine Nachtigall aus der Nähe sehen will, kann einen kleinen Trick anwenden: In der Dämmerung das Lied der Nachtigall von einem CD-Player abspielen und auf die Reaktion warten. Der Revierinhaber kommt sofort nahe heran und sucht nach seinem vermeintlichen Konkurrenten. Lassen Sie jedoch den künstlichen Sänger nicht zu laut singen und lassen sie ihn nach dreimaligem Abspielen wieder verstummen. Sonst vergrämen Sie den Revierinhaber.

Wo Dörfer und Städte in der Nähe großer Flüsse liegen und dichte Parks mit Unterholz oder Gärten mit viel Gebüsch zu finden sind, da ist es im Frühsommer eindringlich zu hören: das Lied der Nachtigall. Es besteht aus gezogenen Flötentönen, die sich mit metallischen Schlägen abwechseln. Besonders typisch und melancholisch ist ein eindringliches Schluchzen, das wie ein leicht anschwellendes „düh-düh-düh" klingt. Vor allem in mondhellen Nächten ist die Königin der Nacht, die eigentlich ein König ist, zu hören. Häufig singt die Nachtigall in warmen Lagen, die meist auch Weinlagen sind. Und so hat man beispielsweise im Maintal auf den Terrassen der Weinlokale nicht selten die Begleitung von Nachtigallengesang.

Wer eine Nachtigall sehen möchte, braucht viel Geduld und einen guten Platz. In der ersten Junihälfte brüten die sehr versteckt lebenden Drosselvögel unter Baumwurzeln oder in Bodennähe. Die Jungen sind mit zwölf Tagen Nestzeit rechte Nesthocker und brauchen sehr viel Futter. Das ist die Chance des Beobachters, denn dann kommen die Nachtigallen aus der Deckung und suchen am Boden nach Insekten. Ihr kastanienbrauner Schwanz ist ein sicheres Kennzeichen.

Drei Grasmücken

Sie sind nah verwandt, sie schleichen und schlüpfen durchs dichte Gebüsch und sie alle ernähren sich von Insekten und Spinnen. Zusätzlich wohnen sie auch noch dicht zusammen. So etwas kann nicht lange gut gehen. Ökologen nennen diese Situation eine Konkurrenzsituation. Und die verlangt eine gegenseitige Abgrenzung der Ansprüche. Dieses Grundgesetz des „character displacement", also die Betonung der Unterschiede, lässt sich in nur einem Garten an den drei Grasmücken beobachten.

Die Gartengrasmücke

Sie ist federmäßig eine unauffällige graue Maus. Und ebenso flink schlüpft sie durch den dichten Unterwuchs. Aber ihr Gesang ist nicht zu überhören. Er gleicht einem fortlaufenden Geplapper mit Flöten- und Orgeltönen [CD Nr. 32]. Ihr Nest liegt etwa einen Meter hoch in Laubhölzern und Brombeersträuchern. Das Männchen trägt an einigen Stellen ziemlich schlam-

pig Nistmaterial zusammen und zeigt es dem Weibchen mit halblautem Gesang. Das Weibchen wählt aus und vollendet das Werk. Die Nahrung der Gartengrasmücken besteht aus Insekten, Schmetterlingsraupen und Spinnen.

Die Mönchsgrasmücke

Dieser Verwandte ist absolut eindeutig zu erkennen. Das Männchen trägt eine schwarze Kopfplatte, das Weibchen eine braune. Der Gesang gehört zu den schönsten Vogelgesängen Europas und ist auch im Sommer, wenn andere Vögel schon schweigen, laut zu hören. Es ist ein lauter Überschlag aus flötenden Tönen [CD Nr. 31]. Das Nest der Mönchsgrasmücke liegt gerne einen Meter hoch, aber bevorzugt in Brombeersträuchern und Holunderbüschen. Besonders auffällig ist ihre Vorliebe für eine reichliche Insektennahrung, die alle anderen Singvögel nicht mögen: Die Mönchsgrasmücke verfüttert vorzugsweise die Larven des Schneeballkäfers.

Links: Das Männchen der Mönchsgrasmücke trägt die namensgebende schwarze Kopfkappe.

Rechts: Die weibliche Mönchsgrasmücke trägt ihre Kopfplatte in schokobraun.

Links: Auch das Männchen der Klappergrasmücke sucht nach Insekten und beteiligt sich am Füttern.

Rechts: Klappergrasmücken verstecken ihr Nest in dichten Gartenbüschen.

Die Klappergrasmücke

Die Klappergrasmücke ist scheu und seltener. Wer ihren Ruf, ein klapperndes „didldidldidldidldidl", jemals gehört hat, vergisst ihn nie wieder [CD Nr. 33]. Diese Grasmücke ist bei uns ein wenig die Grasmücke der parkartigen Gärten und Friedhöfe geworden. Sie trägt graubraune Flügel, einen dunklen Kopf, dunkle Wangen und eine rahmfarbene Unterseite. Ihr Nest ist das schlampigste von allen, geht gerade noch als Nest durch. Manchmal ist es so locker auf Zweige aufgesetzt, dass man von unten die Eier durchscheinen sieht. Im Unterschied zu den anderen Grasmücken wird es relativ hoch, nämlich in 1,5–2 m Höhe vorwiegend in Dornbüsche oder Nadelholz gebaut. Wer diesen Vogel im Garten hört, sollte in seiner Latschenkiefer nachschauen.

Das Nest der Gartengrasmücke ist ein recht unordentlicher Bau. Oft liegt es in Hopfendolden.

Vom Sinn der Grasmücken

Wer einen buschreichen Garten mit Brombeerranken, Holunder- und Schnee-ballsträuchern besitzt, hat die schönsten Gesänge europäischer Singvögel um sich und die besten Insektenfänger in seiner Nähe. Angewandter Naturschutz.

Jagen auf dem Land – Wohnen in der Stadt

Lautlos steht der Falke in der Luft, beide Flügel rasch schlagend, den Schwanz gefächert. Aufmerksam äugt er aus zehn Metern Höhe auf den Boden. Plötzlich lässt er sich blitzschnell fallen und steigt mit einer Wühlmaus in den Fängen wieder auf. Diese Jagdtechnik macht den Turmfalken unverwechselbar.

Der häufigste Greifvogel Mitteleuropas ist ein anpassungsfähiger Vogel. Sein Jagdgebiet sind die halb offenen Landschaften. Zur Brut jedoch zieht es den Turmfalken in die Stadt. Dort findet er, was in der Landschaft Mangelware geworden ist: ungestörte Felsen zum Brüten. Irgendwann vor einigen hundert Jahren müssen die Turmfalken herausgefunden haben, dass die Kirchtürme der Menschen geradezu ideale Brutfelsen sind. Niemand stört sie dort. Und von dort aus haben sie

die Landschaft im Blick, in der sie jagen wollen. Selbst wenn die Wege manchmal sehr weit sind, lohnt sich die Wahl des Kirchturms. Die Turmfalken der Münchner Frauenkirche müssen zum Beispiel mindestens sechs Kilometer fliegen, bis sie auf Mäusejagd gehen können.

Leuchtende Wegweiser

Woher weiß ein Turmfalke, wo sich Wühlmäuse in ihren unterirdischen Gängen

Eine offene Luke auf dem Kirchturm ist der beste Brutplatz für den Turmfalken.

Scharfes Auge und kräftiger Hakenschnabel, zwei Attribute zur Mäusejagd.

Dieser perfekte Mäusejäger braucht mehr Unterstützung. Seit Kirchtürme vor Tauben vergittert wurden, fehlen ihm Brutplätze. Machen Sie mit: jedem Falken seinen Turm.

aufhalten? Er sieht von oben eine hell leuchtende Spur auf den Laufwegen der Mäuse. Diese besteht aus Harn, mit dem die Mäuse ihre Wege markieren. Selbst in kleinsten Spuren leuchtet dieser Tierurin im UV-Bereich des Tageslichts. Uns Menschen ist dieser Sehbereich nicht zugänglich, aber Greifvögel sehen auch Dinge, die im ultravioletten Licht leuchten.

Fruchtbare Falken

Turmfalken sind schon im ersten Lebensjahr geschlechtsreif. Etwa Mitte April finden sich die Paare in eindrucksvollen Flugspielen und beziehen eine Felsnische oder einen Falkenbrutkasten am Kirchturm. Das Weibchen legt fünf bis sechs Eier und wird während der Brutzeit von vier Wochen vom Männchen mit Mäusen versorgt. Dieses füttert auch die Küken während ihrer ersten Lebenstage allein. Danach schaffen beide Beute herbei. Diese besteht zum größten Anteil aus Feldmäusen, in mäusearmen Jahren auch aus Eidechsen, Fröschen und Blindschleichen. Die unverdaulichen Knochen und Fellreste werden später als Gewölle wieder ausgewürgt. Rund einen Monat dauert die Nestlingszeit. Dann fliegen die jungen Falken aus und folgen den Eltern oft noch bis zum Herbst.

Hilfe für den Turmfalken

Häufig werden Kirchtürme hermetisch vergittert, um Tauben abzuhalten. Das jedoch versperrt weiteren Turmbrütern wie Schleiereule und Turmfalke den Zugang.

Typisch für den Turmfalken ist das Rütteln in der Luft. Er ortet von oben seine Beute.

Abhilfe bieten einfache Holzkisten mit einem Ausgang nach draußen, die man in Schalllöcher, Kuppellaternen oder Mauernischen anbringt. Sie werden garantiert schnellstens angenommen. Vielleicht entdecken so viele Pfarrgemeinden wieder ihren Turmfalken.

Eugen Roth, der Schriftsteller, hat den Turmfalken ein launiges Gedicht geschrieben:

Es haust im hohen Felsenkalke
Der Mauer-Mäuse-Rüttelfalke.
Als Turmfalk lebt er auch in Türmen
Und nährt sich notfalls von Gewürmen.
Er zählt's zu seinen Vaterpflichten,
Die Jungen früh zu unterrichten:
Es will gelernt sein, das Gerüttel.

Mit Eisenbahn und Flugzeug

Als 1835 die erste Eisenbahn regelmäßig zwischen Nürnberg und Fürth verkehrte, kam mit ihr auch ein Vogel. Kaum fünf Jahre später hatte er sich besonders zahlreich an der Bahnstrecke angesiedelt und breitete sich in der ganzen Gegend von Dorf zu Dorf aus. Dieser Steppenvogel erregte überall Aufsehen und wohnt bis heute bei uns. Die Haubenlerche stammt aus den öden Steppengebieten des Orients und hat sich ähnlich trockene Gebiete rund um unsere Städte als Lebensraum erschlossen.

Waren es früher die Bahndämme, so sind es heute Pferderennbahnen und Flugplätze. Ihre nahe Verwandte, die Feldlerche, ist ebenfalls ein Steppenvogel. Aber sie hat sich die feuchten und fruchtbaren Ackerflächen ausgesucht und kommt nur selten und im Winter in die Städte. Die Haubenlerche jedoch hat sich die kleinen Wüsten im Lebensbereich des Menschen erschlossen. Hier findet sie vor allen Dingen Kräuter und Grassamen, Insekten und zarte Grasspitzen. Die Lerche mit der großen

Tipp › Jede Lerche singt anders

Die Haubenlerche ruft melodisch „diedidrie" [CD Nr. 26]. Ihr Ruf ragt aus allen Singvogelgesängen rund ums Haus heraus. Ihr Gesang nimmt aber viele Vogelstimmen der Umgebung auf, die durch Pausen zerhackt werden. Es ist sehr spannend zu hören, was die Haubenlerche da einbaut: Häufig erkennt man Buchfinken, Grünfinken oder Elstern.

Kennzeichen der Haubenlerche ist die spitze, häufig aufgestellte Federhaube.

Oben: Langbeinig und stets etwas aufgerichtet: die Haubenlerche.

Ganz oben: Etwas geduckter am Boden und graufarbener: die Feldlerche.

Die Haubenlerche versteckt ihr Nest in einer Bodenmulde im flachen Bewuchs.

Manchmal liegt die Rasenfläche mit den Vogelkindern im Nest auch mitten auf einem Fußballfeld.

Haube ist dabei fast zahm geworden. Furchtlos trippelt sie zwischen Autos und Spaziergängern umher. Die jüngste Entdeckung der städtischen Haubenlerchen sind Flachdächer. Diese Dachform mit flachen Kieselsteinen, wenig Pflanzen und steppenähnlichem Klima nutzen sie zur Brut. Das Nest, nach Lerchenart in einer Bodenvertiefung angelegt, wird mit Würzelchen fein ausgepolstert. Der dunkel längs gefleckte Vogel ist in diesem Menschenbiotop bestens getarnt.

Klettern als Lebenszweck

Eine Reihe von Vogelarten hat sich darauf spezialisiert zu klettern.
Ihr Lebensbereich sind die senkrechten Strukturen von Bäumen,
ihr Nahrungsrevier die unzähligen Ritzen in den Borken der Bäume.
Und auch ihr Wohnraum liegt häufig dort: Asthöhlen und natürliche

Kleiberhöhle, deren Öffnung auf Körpergröße zugekleistert wurde.

Die Spechtmeise

Eigentlich ist der Kleiber ein typischer Waldvogel, aber die Vielfalt der Bäume in der Stadt haben ihn auch hier heimisch gemacht. Mit seinem kompakten Körperbau ähnelt er einer großen Meise. Doch andererseits sucht er seine Nahrung auf der Borkenoberfläche von Rinden und Ästen wie die Spechte. Als einziger heimischer Vogel ist der Kleiber in der Lage, nicht nur nach oben, sondern auch senkrecht abwärts zu klettern. Das macht ihn vielen Spechten überlegen. Doch dieser Vorteil findet auch einen Ausgleich. Wegen seines schwächeren Schnabels ist es ihm nicht möglich, selbsttätig Höhlen zu zimmern. Als Höhlenbrüter ist er auf vorhandene Na-

turhöhlen, Spechtlöcher oder Nistkästen angewiesen. Damit ihm seine Eroberung nicht streitig gemacht werden kann, macht der Kleiber etwas ganz Besonderes: Er mauert seine Bruthöhle mit einem Gemisch aus Lehm und Speichel so zu, dass nur er durch den Eingang passt. Dieses Gemisch ist nach dem Trocknen derartig widerstandsfähig, dass es auch mit Hammer und Meißel kaum zu entfernen ist. Hat ein Kleiber eine Schwarzspechthöhle bezogen und zugemauert, so hat der Specht keine Chance mehr, seine eigene, selbst gezimmerte Höhle zu benutzen.

Der Gartenbaumläufer

Wie ein winziger Specht mit dünnem Bogenschnabel klettert der Gartenbaumläufer fast nur stammaufwärts. Oben angekommen fliegt er einen neuen Stamm tief unten an und klettert geschickt nach oben. Dabei steckt er seinen Pinzettenschnabel in jede Ritze. Kaum eine Spinne entgeht ihm dort. Er ist der „Feinmechaniker" unter

Der Kleiber klettert stammauf- und stammabwärts gleich gut.

Vertiefungen. Einige dieser Spezialisten schaffen es sogar, sich eigene Höhlen zu zimmern.

den Kletterkünstlern. Bei jedem Halt benutzt er seinen kräftigen Schwanz als Stütze. Sein Nest legt er hinter einem Stück abstehender Rinde an. Häufig benutzt er auch Holzverschalungen von Gebäuden als Nestversteck. Seine Jungen füttert er oft mit Nachtfaltern, die den Tag auf der Borke verschlafen.

Der Wendehals

Wenn dieser kleine, etwas über spatzengroße Specht unbeweglich auf der braunen Borke sitzt, ist er kaum zu sehen. Nur gelegentlich wendet er den Kopf, um zu rufen. Und dann erkennt man ihn auch. Dieser Specht liebt offenes Gelände mit höhlenreichen Bäumen. Sein bevorzugter Lebensraum sind große Gartenanlagen, Parks und Friedhöfe inmitten der Städte. Der Höhlenbrüter ist nicht in der Lage, selbst zu zimmern. Er muss eine vorhandene Höhle suchen. Manchmal vertreibt er recht penetrant andere Höhlenbrüter und besetzt die fremde Wohnung. Wenn die Altvögel brüten, sind sie absolut resistent gegen Störungen. Ähnlich einer Schlange zischen sie jeden Eindringling an. Die Nahrung des Wendehals besteht ausschließlich aus Ameisen und deren Puppen. Diese fängt er mit leimiger Zunge.

Der Grünspecht

Ameisen sind auch die Hauptnahrung des Grünspechts. Oft schiebt er am Boden sitzend seine 10 cm lange Spechtzunge in die unterirdischen Ameisennester. Nebenbei

fängt er auch Käfer, Nachtfalter und Fliegen. Der Grünspecht vermag mit seinem Schnabel nur weiches Holz zu bearbeiten. So baut er seine Höhlen meist in angefaulten Stämmen, gerne in alten Obstbäumen, Pappeln oder auch Birken. Gelegentlich hackt er auch Balken von Scheunen und Kirchen an, um dort eine Schlafhöhle zu bauen. Am einigermaßen morschen Baum braucht ein Grünspecht aber immer noch zwei bis drei Wochen, um eine Höhle zu zimmern.

Oben: Grünspecht schaut neugierig aus seiner Höhle.

Links: Der Schnabel des Gartenbaumläufers ist eine feine Pinzette für Spinnen.

Das rindenfarbene Gefieder des Wendehals macht den Vogel am Stamm fast unsichtbar.

Tödliche Fallen

Die großen Scheiben im Wohnzimmer spenden Licht und ermöglichen einen hervorragenden Blick in den bunten Garten. Doch immer wieder werden sie zu tödlichen Fallen für die Vögel. Oft fliegen diese mit großer Geschwindigkeit gegen das Glas und hinterlassen einen feinstaubigen Abdruck ihres Gefieders. Manchmal haben sie Glück und sitzen nach dem Aufprall nur eine Zeit lang benommen unter dem Sims, bis sie wieder fliegen können. Doch oft – viel zu oft – endet der Flug in die Scheibe tödlich. Man schätzt, dass in Europa täglich eine viertel Million Vögel auf diese Art und Weise verloren gehen. Besonders häufig trifft es Spechte, Grünfinken, Kleiber und auch Meisen. Schuld daran ist der Spiegelungseffekt, der besonders bei tief stehender Sonne eine weite Landschaft vorspiegelt. Welche Möglichkeiten haben wir, unsere Vögel ums Haus besser davor zu schützen?

Greifvögelaufkleber sind Unsinn

Die berühmten Verhaltensforschungen auf dem Hühnerhof in der Fünfzigern haben es gezeigt: Glucken reagieren auf die Attrappe eines Greifvogels am Himmel und warnen ihre Küken mit einem speziellen Ruf. Auf diesen hin flüchten sie alle unter das Gefieder der Henne. Die Greifvogelsilhouette ist jedoch **nur** wirksam, wenn sie in schneller Bewegung über den Hof gezogen wird. Eine Greifvogelsilhouette als schwarzer Aufkleber ist wirkungslos, die Vögel erkennen sie nicht, da sie nicht fliegt. Man könnte genauso gut Marienkäfer aufkleben. Der einzig positive Effekt von Aufklebern ist, dass er das Spiegelbild auflockert. Untersuchungen zeigten, dass eine Scheibe aber weitgehend zugepflastert werden müsste, um damit Vogelschlag zu vermeiden.

Die Ideallösung

Die beste Lösung gegen den Vogelschlag wäre eine Scheibe, die Vögel als Hindernis erkennen. Solche Scheiben sind in der Entwicklung. Sie erhalten, von außen aufgedampft, durchsichtige, aber den UV-Anteil des Sonnenlichts reflektierende Schichten. Man dampft gewissermaßen ein Spinnennetz reflektierender Linien

Diese Greifvogelattrappen sind wirkungslos. Die tödliche Falle bleibt.

auf. Warum? Spinnennetze reflektieren UV-Licht und werden von Vögeln sorgfältig umflogen. Radnetzspinnen schützen so ihre Netze vor ständiger Verwüstung durch umherfliegende Vögel. Die Nachahmung dieses Naturphänomens wäre eine ideale Lösung gegen den Vogelschlag.

Der Trick mit der Sonnencreme

Folgende Zeilen klingen ein wenig komisch, enthalten aber dennoch überraschend hilfreiche Ratschläge. Als ein bekannter Ornithologe die große Verandascheibe mit kleinen, kaum sichtbaren Tupfern von Sonnenmilch (Schutzfaktor 15) im Abstand von jeweils 10 cm versah, flog kein einziger Vogel mehr in diese Scheibe. Sonnenmilch mit hohem Schutzfaktor enthält winzige Partikelchen, die das UV-Licht reflektieren und damit vor Sonnenbrand schützen. Nichts anderes machen die Sonnenmilchpunkte auf der Scheibe: Sie werfen das Sonnenlicht zurück. Der Vogel sieht vor sich ein

Besser wäre es, die Scheiben des Wartehäuschens undurchsichtig zu machen.

Dickicht glänzender Punkte und weicht aus. Natürlich helfen auch lockere Rollos und Markisen, den Vogelschlag zu verringern.

Links: Der Grünling verlor sein Leben, weil sich die Landschaft im Fenster spiegelte.

Rechts: Jährlich verlieren wir an Fensterscheiben unnötigerweise viele Vögel.

Zum Nachtisch Kuchen

Viele Vögel haben schnell gelernt wie leicht es im Kaffeegarten ist, Futter zu finden.

Unten: Ohne Scheu nascht die Kohlmeise mit vom Obstkuchen.

Ganz unten: Haussperlinge nehmen häufig Futter sogar aus der gereichten Hand.

Tipp > Wer ist der Chef?

Im Kaffeegarten lässt sich gemütlich beobachten, wie ein Spatzenvolk aufgebaut ist. Wie viele Männchen leben darin, wie viele Weibchen? Und wie viele Jungtiere hat die Gruppe? Wenn Sie ein paar Kuchenkrümel ausstreuen, erkennen Sie auch, wer der Anführer der Spatzensippe ist.

Es ist immer wieder erstaunlich, wie viel natürliche Scheu Vögel überwinden können, um an Futter zu gelangen. In vielen Kaffeegärten wohnt ein Spatzenschwarm direkt unter dem Sonnenschirm und holt sich die reichlich anfallenden Kuchenkrümel eines Sommertages. Und im Ostseebad Schönberg landen Haussperlinge direkt auf den Tischen der Imbisse. Hier sind sie nur an kleinen Stücken von Pommes frites interessiert. Mit vollem Schnabel fliegen sie ins nahe Nest und füttern ihre Jungen damit. Reines Protein in Form von Fischfrikadellen sind dagegen wenig interessant, wohl aber deren fette Panade.

In England wurden Blaumeisen bekannt, die es lernten, den Deckel von Milchflaschen aufzupicken, um an die Rahmschicht darunter zu gelangen.

So mancher Vogelschützer macht sich Sorgen, ob Gartenvögel, die auch im Sommer gefüttert werden, nicht verlottern. Man nimmt an, diese Vögel würden eventuell nicht mehr nach dem richtigen Futter suchen. Doch Untersuchungsergebnisse zeigen, dass die Piepmätze rund ums Haus sehr wohl wissen, was sie brauchen und es auch nutzen. Außerdem haben Vögel, die sich schnell fett- und eiweißreiche Nahrung erschließen können, eindeutig einen Vorteil. So legten Blau- und Kohlmeisen, die während der Brutzeit gefüttert wurden, deutlich größere Eier und fingen früher an zu legen.

Katzen und Vögel

Dieser Nistkasten mit Rotschwänzen war nicht katzensicher aufgehängt.

Immer wieder sind die Themen Vogelliebe und Katzenauslauf heiß diskutierte Themen und sorgen für Nachbarschaftsstreit. Auf diesem Feld werden oft Einzelbeobachtungen verallgemeinert und Emotionen auf beiden Seiten nicht beiseite gelassen. Tatsächlich leben Katzen seit Jahrtausenden bei uns. Sie brauchen ihren Auslauf ebenso wie sie ihren Jagdinstinkt einsetzen. Die Frage ist: Gibt es wissenschaftlich abgesicherte Untersuchungen, wie groß der Schaden der Katzen für die Vogelwelt ist und wie man ihm begegnen kann. Leider sind die bis jetzt vorliegenden Zahlen noch nicht ausreichend für eine Beurteilung. Aber eine fünfmonatige Studie in England zeigte, dass Katzen einen Vogelbestand von Singdrossel, Star und Haussperling eindeutig beeinflussen können.

Wie kann man Vögel vor Katzen schützen?

Im Wesentlichen gibt es wohl nur drei sinnvolle Möglichkeiten, Vogelverluste durch Katzen einzudämmen. Die eine Methode besteht darin, rund ums Haus Ultraschallgeräte aus dem Fachhandel aufzustellen, die Katzen häufig meiden. Allerdings liegen diese Geräte oft auch im Hörbereich des Menschen.

Die zweite Möglichkeit ist, Katzen mit Glöckchen und Piepern zu versehen. Damit sollen sich Katzen beim Anschleichen verraten. Über die Wirksamkeit gibt es Zahlen (siehe Kasten).

Die dritte Möglichkeit ist die einfachste und wohl auch wirkungsvollste. Man bringe seine Nistkästen und Futterstellen so an, dass die Stubentiger diese weder mit Klettern noch mit Sprung erreichen können. Befragen Sie einen Sperlingsschwarm, wie er sich vor Katzen schützt. Sein Hauptquartier liegt entweder in

Tipp › Katze mit Glöckchen

Nach einer Feldstudie der britischen Gesellschaft für Vogelschutz haben Katzenhalsbänder mit Glöckchen und elektronischen Piepern nachweislich eine gute Wirkung. Katzen mit Glöckchen fingen 34 % weniger Kleinsäuger und 41 % weniger Vögel. Katzen mit elektronischen Piepern brachten sogar 51 % weniger Vögel mit nach Hause. In Gärten, die mit Ultraschallgeräten ausgestattet waren, jagten rund ein Drittel weniger Katzen.

Diese Katze war ausdauernder und schneller als der Buchfink.

einem sehr dichten Nadelbaum, in einer stacheligen Berberitzenhecke oder in einer dichten Ligusterhecke. Ein großer Spatzenschwarm auf einem Bauernhof wohnt trotz zahlreicher Katzen seit Jahren sicher in einem übermannshohen Feuerdorn.

Fassen wir zusammen: Den besten Katzenschutz für Vögel kann der Gärtner gewährleisten. Dornige Büsche, dichte Kletterpflanzen und stachelige Nadelbäume in der Nähe von Wassertränken, Futterstellen oder Brutplätzen sind der einfachste und beste Vogelschutz.

Links: Nistkästen direkt am Stamm sind keine gute Lösung für die Bewohner.

Rechts: Unbeholfene Jungtiere sind oft die ersten Opfer von Katzen im Garten.

Gefiederpflege

Die Federn der Vögel haben zwei wichtige Aufgaben. Sie halten den Vogel warm und trocken, und sie dienen dem Flug. Damit sie stets beide Aufgaben erfüllen können, müssen sie täglich gepflegt werden. Das Pflegeprogramm umfasst Putzen und Baden. Viele Varianten lassen sich dabei beobachten. Ausgiebig plätschert das Rotkehlchen in der Pfütze und benutzt den gefächerten Schwanz und die Flügel dazu, Wasser auf den Rücken zu spritzen. Auch Türkentauben nutzen die flache Stelle des Gartenteiches häufig, um ausgiebig zu baden. Dabei geht es wohl weniger darum, die Haut zu benetzen. Versuche haben gezeigt, dass Federn sich besser glätten lassen, wenn sie nass sind. Deshalb schlüpfen Grasmücken frühmorgens durchs nasse Laub, tauchen Mehlschwalben im schnellen Flug kurz unter und baden sogar Eulen im Flug.

Der Grund liegt in der Struktur der Federn. Tausende von Widerhaken halten die einzelnen Äste der Federn zusammen

Ausgiebig benetzt die Blaumeise ihr Gefieder mit Wasser. Die Federn bleiben geschmeidig.

Morgentoilette von Haussperlingen. Nach dem Staubbaden folgt ein Wasserbad.

und verleihen ihnen dadurch Widerstandskraft und Elastizität. Bei der täglichen Benutzung, bei Revierstreitigkeiten oder einfach im Eifer des Gefechts reißen diese Widerhaken auf und müssen wie ein Reißverschluss wieder geschlossen werden. Beim Glätten der Federn mit dem Schnabel schließt der Vogel diese Haken und macht die Federn wieder einsatzfähig.

Das Sonnenbad

Manchmal liegt eine Amsel förmlich auf dem Rasen. Mit den weit ausgestreckten Flügeln und den geschlossenen Augen sieht sie hilfsbedürftig aus. Doch das ist sie nicht. Die Amsel badet „in der heißen Sonne". Ihr Hecheln zeigt an, dass es ihr doch recht heiß ist, zu heiß. Warum tut sie sich das an? Beobachtungen zeigten, dass sich Federn in der Hitze in kurzer Zeit glätten, im Schatten dauert es sehr viel länger. Die Amsel lässt sich von der Sonne die Federn gewissermaßen aufbügeln.

Baden mit Ameisen

Eichelhäher zeigen manchmal ein besonderes Verhalten. Sie legen sich mit ausgebreiteten Flügeln und abgespreizten Federn auf einen Ameisenhaufen. Die aufgeschreckten Sechsbeiner krabbeln bald überall im Gefieder herum und nehmen alles an Fressbarem mit, was sie finden: Federlinge, Lausfliegen, Zecken und Milben. Da die Ameisen sehr gründlich arbeiten, ist das Bad bei ihnen für den Eichel-

häher wie eine Befreiung von den lästigen Plagegeistern. Auch von Singdrosseln, Grün- und Buntspechten werden solche Verhaltensweisen berichtet.

Nach dem Baden einölen

Eine besonders gründliche Gefiederpflege zeigt uns die Stockente. Stundenlang glättet sie mit dem Schnabel ihre Federn. Während des Putzens drückt die Ente ihren Schnabel immer wieder gegen die Bürzeldrüse am Schwanz und presst etwas Öl heraus. Dieses dünnflüssige Fett verstreicht sie als dünnen Film über die Federn. Körperteile, die sie mit dem Schnabel nicht erreichen kann, wie etwa den Kopf, werden mit den Füßen gepflegt. Die genaue Bedeutung ist noch unbekannt. Man deutet es als Imprägnierung der Federn, um Bakterien und Pilze abzutöten, die im schmutzigen Wasser sehr reichlich vorkommen, und nicht als Einfetten, denn Federn sind von Natur aus wasserabstoßend.

Oben: Auch Eichelhäher suchen sich Pfützen zum ausgiebigen Baden.

Ganz oben: Der Sperber glättet seine Federn mit dem Schnabel.

Diese Amsel lässt sich in der Mittagshitze ihre Federn von der Sonne regelrecht aufbügeln.

Neubürger und Gäste

Manchmal gerät selbst der erfahrene Vogelbeobachter ins Staunen. Vögel sind äußerst anpassungsfähige und lernbereite Tiere. Ein ungewöhnliches Beispiel dafür liefern die Lachmöwen. Ihr Lebensraum ist eigentlich das Süßwasser. Dort brüten sie in großen Kolonien und ernähren sich von Wassergetier. Mit ihren Schwimmhäuten an den Füßen können sie zügig schwimmen. Die erste Lernleistung der Lachmöwen war, sich den pflügenden Bauern anzuschließen. In großen Scharen folgen sie dem Traktor, der ihnen Regenwürmer in Hülle und Fülle direkt vor den Schnabel bringt. Ungewöhnlich und neu ist eine andere Variante der Futterbeschaffung. Lachmöwen plündern neuerdings Kirschbäume mit reifen Früchten. Da sie mit ihren Schwimmfüßen auf den Bäumen nicht landen können, fliegen sie elegante Kurven und erbeuten so unter lautem Gekreische die roten Früchte. Sie teilen sich ihren Raubüberfall auch gut ein: Täglich zur glei-

Fliegende Exoten in unseren Parks: Die Halsbandsittiche leben schon wild im Freiland.

Die grünen Halsbandsittiche bewohnen schon halb Europa. Gut zu sehen in Wiesbaden.

chen Zeit kommen die Vögel zum Kirschenpflücken, bis ihre Flugkünste nicht mehr ausreichen.

Papageien in Europa

Der hübsche grüne Halsbandsittich ist eigentlich im Senegal, dem Irak und Nordindien zu Hause. Obwohl er selten zahm wird, mögen ihn manche Menschen als Käfigvogel halten. Nun ist der Papagei auch im Freiland zu finden. In halb Europa gibt es in Stadtparks, auf Klinikgeländen und Friedhöfen Wildpopulationen der Halsbandsittiche. Ursprung dieser Kolonien sind sicher entflogene oder freigelassene Käfigvögel. Sie leben in den klimatisch günstigen Städten entlang des Rheins, in den Mittelmeerländern und sogar im Süden Englands. Die bunte Baumvielfalt eines Parks bietet den Neubürgern genügend Früchte, Samen und Knospen.

Seit nunmehr dreißig Jahren bewohnen die Nachkommen der entflogenen Sittiche kleine Baumhöhlen besonders von Platanen. Auch die Esche gehört zu ihren bevorzugten Brutbäumen. Genau wie in ihrer Heimat bevorzugen sie glattschalige Bäume, um sich vor Baumschlangen zu schützen. Obwohl diese Gefahr in Europa nicht besteht, bleiben sie bei ihrem Verhalten.

Zu Gast am Gartenteich

Der Eisvogel ist ein Spezialist für kleine Fische. Kopfüber stürzt er sich von einem

Gelegentlicher Gast am Gartenteich: Der Eisvogel ist ein Schmuckstück.

Immer häufiger in Menschennähe: Der Steinkauz liebt wilde Apfelgärten.

Zweig ins Wasser und erbeutet Moderlieschen und andere Fische. Sein Lebensraum sind Flussufer, Teiche und Bäche. Und ein neuer ist hinzugekommen: der Gartenteich. Dort entwickelt sich ungestört von anderen Fischfressern oft ein reichhaltiges Fischinventar. Vor allem im Außenbereich von Städten suchen einige Eisvögel häufig systematisch ruhigere Gartenteiche auf.

Obst und Kauz

Mit der Anlage von Apfelgärten zog ein Vogel in Menschennähe, der eigentlich in den Kopfweiden langsam fließender Bäche und Flüsse wohnt: der Steinkauz. Er liebt geradezu die vielen Löcher in alten Apfelbäumen. Und auf lockeren Streuobstwiesen findet der kleine Kauz alles, was er braucht: Regenwürmer, Heuschrecken, Eidechsen oder Mäuse. Er ist nicht so lichtscheu wie die meisten Eulen und lässt sich auch tagsüber beim Beutefang sehen.

Herbst

Der bunte Früchtemarkt des Herbstes zieht die heimischen Vögel magisch an. Es ist die einzige Zeit des Jahres ohne Nahrungsmangel. Wacholderdrosseln plündern Beerensträucher, Stare fallen in Weinbergen ein und Grasmücken vollführen Flugtänze vor dem Holunder. Der Herbst ist eine gute Zeit für die Vögel. Doch bald heißt es für viele: Aufbrechen nach Afrika. Vorher ist es für sie lebensnotwendig, ihr Gefieder in Ordnung zu bringen. Nach der Brut ist jetzt die beste Zeit, Federn nachwachsen zu lassen, die den weiten Flugwegen ins Winterquartier standhalten. Für die Hierbleibenden muss das Federkleid ausreichend Schutz vor der Kälte bieten.

Aufbruch

Der Aufbruch beginnt leise. Ende des Sommers verschwinden die Wacholderdrosseln über Nacht einfach aus der Landschaft. Auch die Grasmücken haben sich bei Nacht heimlich davongeschlichen. In den Dörfern sammeln sich die Schwalben auf den Telefondrähten. Und abends scharen sich die Stare zu großen Trupps. Wie dunkle Vorhänge fliegen und wogen sie am Horizont dahin, bis sie laut kreischend in großen Pappeln einfallen und langsam verstummen. Die Bachstelzen werden weniger, ebenso wie die weiblichen Buchfinken. Ihre Männchen bleiben hier. Als der schwedische Arzt Carl von Linné 1778 den Buchfink „Fringilla coelebs" nannte, drückte er damit aus, der Buchfink sei ein Junggeselle (coelebs). Er fand ihn im Winter stets allein und konnte nicht wissen, dass die Weibchen weiter nach Süden ziehen.

Der Dichter Eugen Roth hat in seinen „Tierleben" den Aufbruch der Vögel trefflich zusammengefasst:

Manchmal verdunkeln ihre Schwärme den Himmel: In der Dämmerung suchen ziehende Stare den Schlafplatz auf.

Vorherige Seite:

Großes Bild: Der Früchtemarkt des Herbstes. Stare im Pfaffenhütchen.

Kleines Bild: Wehmut: Die Störche ziehen nach Afrika.

Manche Arten sammeln sich vor dem Wegzug auf Stromleitungen.

Standvögel bleiben, wo sie sind
Strichvögel wechseln wie der Wind;
Zugvögel ziehen nach Afrika
Und sind oft in vier Tagen da ...

Das kleine Gedicht beschreibt auch die drei Zugtypen in der Vogelwelt: Die Weitzieher wie Storch und Grasmücken, die Strichzieher wie Stieglitze und Goldammern oder die Standvögel wie Feldsperlinge und Meisen. Je milder die Winter werden, um so mehr verschieben sich auch die Zugarten.

Finken und Ammern bilden oft kleinere Trupps und streifen gemeinsam durchs Land.

Der scharfäugige Habicht

Dem scharfen Auge des Habichts auf seinem Ansitz im bunten Herbstlaub scheint nichts zu entgehen. Die gelbe Pupille leuchtet aus dem braunweißen Gefieder und gibt dem Vogel einen entschlossenen Eindruck. Der kräftige Hakenschnabel lässt ihn stolz erscheinen. Dieser Greifvogel ist ein Über-

Schon um 400 vor Christus liebten die Thraker den Habicht. Sie richteten ihn zur Beizjagd ab. Dieser Vogel eignet sich wegen seiner großen Schnelligkeit hervorragend für diese Form der Jagd. Unter Karl dem Großen um 800 nach Christus gab es sogar die ersten Gesetze, die dem Dieb eines Habichts drastische Geldbußen auferlegten. Später war der Habicht der eigentliche Jagdvogel des Adels und der Geistlichkeit.

Zweimal Habicht

Diesen Greifvogel gibt es in zwei Ausgaben: Das Weibchen ist etwa bussardgroß, das Männchen dagegen um ein Drittel kleiner. Dieser außergewöhnliche Größenunterschied zwischen den Geschlechtern ist eine hervorragende Strategie der Natur: Beide erschließen sich so zwei unterschiedliche Beutemärkte. Während das kleinere Männchen vor allem Vögel von Spatzen- bis Taubengröße jagt, verfolgt das Weibchen größere Rabenvögel, Eichhörnchen oder Kaninchen. Während der Brutzeit lebt

Ausgewachsenes Habichtweibchen mit typischer Sperberung und „Gefiederhosen".

das Weibchen wochenlang am Nest und mausert die Hand- und Armschwingen. Der Terzel (männlicher Habicht) versorgt nun Brut und Weibchen. Jetzt im Herbst ist das Weibchen wieder einsatzbereit. Auf der Jagd streicht es mit großer Geschwindigkeit durch die Bäume, folgt den Konturen einer Hecke oder jagt tief am Boden entlang. Mit jähen Wendungen überrascht es seine Beute. Der lange Schwanz und die abgerundeten Flügel befähigen Habichte zu höchst akrobatischen Wendungen.

Reviertreue

Habichte sind außerordentlich eng an ein Revier gebunden. Sie verlassen es meist auch im Winter nicht. Erfahrene Habichte kennen ihre Flugwege genau und wissen, wo sie Tauben überraschen können, wo sich ein Spatzenschwarm in einer Hecke niedergelassen hat. Zusammen mit dem Sperber, der dem Habicht in vielem ähnlich ist, kontrollieren sie auch winterliche Fütterplätze. Als Endglied einer langen Nahrungskette ist der Habicht wie alle Greifvögel abhängig vom Beuteangebot. Mangeljahre sorgen für tiefe Einbrüche in die Häufigkeit von Greifvögeln. Und so mancher Habicht und Sperber ist mittlerweile in die Stadt gezogen, denn dort ist auch im Winter das Angebot an Kleinvögeln stets sehr groß.

Die Verwandtschaft

Der Sperber ist eine verkleinerte Ausgabe des Habichts. Auch hier sind Männchen

rumpelungsjäger und schießt plötzlich aus der Deckung. So schnell er kommt, so schnell ist er auch wieder verschwunden. Sein Erfolg liegt in der Überraschung.

Kopf eines Habichtmännchens. Dem scharfen Auge entgeht nichts.

Das Sperbermännchen ist eine verkleinerte Ausgabe des Habichts. Beute ist ein Spatz.

und Weibchen verschieden groß, außerdem unterschiedlich gefärbt. Das Weibchen ist oberseits dunkel graubraun und trägt unterseits ein weißliches Federkleid mit dunklen Querbändern. Dieses Muster mit mehreren dunklen Querbändern nennt man Sperberung. Das Männchen ist um ein Drittel kleiner, seine Oberseite ist blaugrau, Brust und Bauch tragen eine rostrote Sperberung. Im Flug sind Sperber und Habicht kaum zu unterscheiden.

Jagdrevier Dorf und Stadt

Sperlinge und Grünfinken sind die Vorzugsbeute der städtischen Sperber. Die im Wald gebliebenen jagen dagegen eher Meisen oder Buchfinken. Seine Jagdtechnik, mit einem schnellen Pirschflug unter Ausnutzung jeder Deckung Kleinvögel zu überrumpeln, ist für Ortschaften bestens geeignet. Doch nicht jeder Anflug des Sperbers ist erfolgreich. Auf eine Beute kommen etwa zwei Fehlschläge. So haben auch die Singvögel immer eine Chance.

Zweimal jährlich Federwechsel

Nach der Mauser trägt der Star silberne Perlen im Gefieder. Sie nutzen sich wieder ab.

Während der Mauser und nach der Brutzeit sieht der Amsel-mann etwas zerrupft aus.

Die meisten Kleinvögel wechseln zweimal pro Jahr ihr Gefieder. Das betrifft alle kleineren Federn. Die großen zum Schwungholen und Steuern wachsen nur einmal jährlich nach. Für den Vogel ist die Zeit der Mauser eine schwierige Zeit. Während Feder für Feder aus Kielen nach-wächst, geht es ihm körperlich nicht gut. Seine Körpertemperatur steigt an, er be-kommt regelrecht Fieber. Meist ist es der Herbst, in dem sich Federn erneuern, oft aber auch das Frühjahr.

Das merkwürdige Wort Mauser für die Erneuerung des Federkleides stammt aus dem Lateinischen: „Mutari" bedeutet „sich wandeln". Alle Tiere wandeln sich irgend-wie innerhalb eines Jahres. Amphibien und Reptilien häuten sich. Säugetiere haaren. Und Vögel mausern. Ein mausernder Vogel darf natürlich nicht nackt und flugunfähig dastehen. Er muss seine Federn nach einem sorgfältig abgestuften Programm erneuern. Wenn alte Federn ausfallen, ent-wickeln sich an derselben Stelle neue, so-dass keine großen Lücken entstehen. Bei kleinen Singvögeln dauert die Mauser etwa fünf Wochen, bei einem Star sogar drei Monate. Wir können jetzt im Herbst gut beobachten, dass Krähen oder Bussarde häufig mit einer Lücke in Flügel oder Schwanz fliegen. Einzelne fehlende Federn sind offensichtlich auszugleichen. Aber der gleichzeitige Ausfall der zwölf Steuerfe-dern am Schwanz würde dem Vogel seine Flugfähigkeit nehmen.

Neue Federn – neue Farben

Mit dem allmählichen Wechsel der Fe-dern ändern sich oft auch die Farben. Aus dem Brutkleid wird meist ein schlichteres Winterkleid. Wenn die ersten Bergfinken aus Skandinavien eintreffen und sich über Bucheckern hermachen, ahnt kaum je-mand, wie farbenprächtig Bergfinken-männchen im Sommer sind. Jetzt tragen sie ein unauffälliges Braun an Kopf und Rücken. Doch es geht auch anders herum. Das Winterkleid der Stare ist ein weiß-gepunktetes Gefieder. Die Altvögel sind regelrecht geperlt und heißen dann auch Perl-Star. Die weißen Tupfen verschwin-den spätestens dann wieder, wenn sich der Star zur Brut durch ein enges Flugloch zwängen muss.

Tipp > Federnsammeln

Ein spannendes Hobby ist das Sammeln von Federn. Es ist nicht immer leicht, einzelne Federn einer Vogelart zuzuordnen. Manchmal erleichtern typische Merkmale die Bestimmung: beispielsweise das Hellblau in den Flügelfedern des Eichelhähers oder das typische Gelb in den Flügeln des Stieglitz. Noch spannender ist die Frage, um welche Federn es sich handelt. Handschwingen aus den Flügeln haben meist einen schmaleren Vorderrand, Steuerfedern haben oft mittige Kiele in ihren Federfahnen. Gelegentlich findet man an verendeten Tieren ganze Flügel und kann sich ein Federtableau zusammenstellen.

Oben: Der Haussperling mausert seine Federn nach und nach. Er muss flugfähig bleiben.

Links: Im Gefieder dieser Waldohreule fehlen zwei Handschwingen. Sie kann dennoch fliegen.

Glücksfund: Den Flügelspiegel des Eichelhähers steckt man sich gerne an den Hut.

Gebietsreform

Sie kam vor fünfzig Jahren und hat sich erfolgreich etabliert: die Türkentaube.

Das Gebiet, in dem eine Vogelart vorkommt, nennt man Areal. Solche Areale können sehr groß sein wie bei den Sperlingen, die weltweit zu Hause sind. Sie können aber auch deutlich kleiner sein wie bei der Wacholderdrossel. Dieser schöne Vogel mit den kastanienbraunen Flügeln und der schwarz gefleckten Brust lebte ursprünglich in der russischen Taiga und in skandinavischen Mooren. Doch damit gab sich diese Art nicht mehr zufrieden. Sie dehnte ihr Brutgebiet immer weiter nach Westen und Süden aus und brütet mittlerweile in ganz Mitteleuropa. Auch ihre ökologischen Ansprüche haben sich verändert. Zunächst lebte sie nur in Gehölzen mooriger Gebiete, dann besiedelte sie Feldgehölze. Heute ist sie in Parkanlagen und Obstgärten angekommen. Wacholderdrosseln treten immer in Gruppen auf. Sie brüten gemeinsam hoch in den Astgabeln und sie verteidigen sich auch gemeinsam. Schon mancher Bussard musste notlanden, weil ein Schwarm Wacholderdrosseln ihm mit gezielten Kotschüssen das Gefieder verklebte. Jetzt im Herbst ziehen sie wieder durch Parks, Gärten und Felder. Immer mit dem Ziel, neue Gebiete für sich zu erobern.

Die Taube aus dem Osten

Plötzlich war sie da, die neue Vogelart. Ich kann mich noch gut daran erinnern, wie sie im fränkischen Dorf auftauchte. Es war eine kleine Taube, oberseits grau und mit einem schwarzen Band am Hals. Wenn sie auflog, war Alarm im Vogelvolk. Alle Singvögel fingen an zu zetern, denn ihr Flugbild ähnelt dem des Sperbers. Das war 1958. Kaum zwei Jahre später hatten die Singvögel gelernt, dass die Türkentaube von der Balkanhalbinsel ungefährlich ist. Mittlerweile hat sie in einer wahren Bevölkerungsexplosion nahezu ganz Europa erobert. Bei uns lebt sie als Kulturfolger ausschließlich bei menschlichen Siedlungen.

Tipp > Trinkgewohnheiten

An Brunnen und Vogeltränken lässt sich gut beobachten, wie unterschiedlich Vögel trinken. Während Grasmücken Tautropfen von Blättern aufnehmen, trinken die meisten Singvögel, indem sie das Wasser mit dem Unterschnabel schöpfen. Danach heben sie den Kopf und lassen es in den Hals rinnen. Das kann man oft bei Amseln und Rotkehlchen beobachten. Ganz anders die Tauben: sie trinken, ohne den Kopf zu heben und setzen den Schnabel wie einen Strohhalm ein. Tauben trinken pumpsaugend.

Und selbst der Vogelfreund fühlt sich frühmorgens von ihren eintönigen dreisilbigen
„guguh-gu"-Rufen (CD Nr. 8), die ständig
wiederholt werden, manchmal gestört.

War sie in ihrer ursprünglichen Heimat Südasien eher eine Bewohnerin von
Halbwüsten und Trockensavannen, so
ist sie nun in der Stadt, wo überall Abfäl-
le und Futter bereitstehen, wie in einer
Steinwüste angekommen. Mittlerweile
brütet sie zwei- bis dreimal im Jahr. Selbst
zu Beginn des Herbstes sitzt sie oft noch
auf einem sehr flachen Bau aus wenigen
Zweigen im Mantelbereich eines Baumes.
Manchmal ist das Nest so dünn, dass man
von unten die Eier liegen sehen kann. Bereits im Alter von zwei Wochen klettern
die Jungen aus dem Nest. Sind sie vier bis
fünf Wochen alt, lösen sich die Familien-
verbände auf.

Das Flugbild der Türkentaube ist falkenähnlich. Heute haben sich Singvögel daran gewöhnt.

be lebt vorwiegend vegetarisch. Im Wald
frisst sie Eicheln und Bucheckern. Damit
sie diese auch aufschließen kann, nimmt
sie gelegentlich kleine Steinchen auf, die
das Futter in ihrem Muskelmagen zer-
mahlen. In menschlicher Umgebung fand
die Ringeltaube neue vegetarische Kost.
Hier frisst sie gerne grüne Blattteile von
Grünkohl, Wurzelgemüse und Hülsen-
früchten. Und wenn im Winter die Gemü-
sebeete aufgeräumt sind, dann nimmt sie
die Beeren von Efeu.

Eine Taube für den Grünkohl

Auch die größte Wildtaube Europas zog
aus dem Wald in die Stadt. Die Ringeltau-

Links: Die vegetarisch lebende Ringeltaube zog aus dem Wald in die Stadt.

Rechts: Kam aus der russischen Taiga in unsere Gärten und brü-tet hier: die Wacholderdrossel.

Leben im Verband

Große Schwärme lärmender Vögel fallen jeden Morgen in die Stadt ein. Mitten im brausenden Verkehr stochern sie auf dem Mittelstreifen der Stadtautobahn nach Futter. Im lockeren Verband trippeln sie über die Grasfläche und verteilen sich so geschickt, dass kein Quadratmeter unkontrolliert bleibt. Mit schnellem Zupacken ihres spitzen Schnabels fördern sie Insektenpuppen, Schnecken und Regenwürmer zutage und erbeuten im Sprung selbst eine fliehende Maus. Unvermittelt fliegen sie auf und sammeln sich laut krächzend in einem langsam kahl werdenden Baum. Jetzt zeigt sich im Gegenlicht ein wunderschöner purpurner Schimmer auf dem schwarzen Gefieder, nur die Federn an den Schenkeln wirken struppig und ein wenig zerzaust. Der weißlichgraue Ring um den Schnabel lässt sie eindeutig bestimmen: Es sind Saatkrähen. Dazwischen einige deutlich kleinere Rabenvögel mit einem grauen Hinterkopf und grauem Nacken. Das sind

Die Saatkrähen leben stets im Verband. Das schützt sie vor Räubern.

Dohlen, die außerhalb der Brutzeit mit Saatkrähen große Verbände bilden. Woher kommen die Scharen der Krähen? Sind es neue Kulturfolger?

Gäste aus Skandinavien

Die Saatkrähe lebt heute im Kulturland. Seit der Jahrhundertwende ist der Brutbestand in Deutschland von 100 000 Paaren auf etwas weniger als 17 000 Paare zurückgegangen. Doch jetzt im Herbst täuschen große Scharen andere Mengen vor. Ringfunde zeigten, dass sich jetzt die rabenschwarzen Vögel zu großen Schwärmen sammeln und auf gemeinsamen Nahrungsflügen oft Hunderte von Kilometern zurücklegen. Die herbstlichen und winterlichen Schwärme von Kiel, Hamburg, Bremen oder Frankfurt sind zum Großteil Gäste aus Skandinavien.

Übernachtung in der Stadt

Abends versammeln sich die Saatkrähen und ziehen gemeinsam zu Schlafplätzen. Oft sind es hohe Baumgruppen oder Brücken, die dann für Jahrzehnte als Traditionsplätze zum gemeinsamen Schlaf aufgesucht werden. Am frühen Morgen brechen sie wieder auf und fliegen zur Nahrungssuche weit ins Land hinaus. Bis zum nächsten Abend.

Nützliche Saatkrähen

Saatkrähen sind Allesfresser. Von Samen über Heuschrecken bis zu Mäusen reicht ihr Speiseplan. In Jahren mit Massenvermehrung von Feldmäusen können sie außerordentlich nützlich sein. Untersuchungen in Heidelberg belegten, dass 4000 Saatkrähen in einem einzigen Winter mehr als 35 000 Mäuse vertilgt hatten. Eine solche Analyse ist möglich, weil man in den Speiballen der Vögel die genaue Anzahl gefressener Tiere auszählen kann. So machen diese Vögel locker wett, was sie mit Lärm und Schmutz manchmal an Ärger mit sich bringen.

Im Unterschied zur Rabenkrähe trägt die Saatkrähe einen grauen Ring um den Schnabel.

Hinter dem Pflug sind Saatkrähen geschätzte Schädlingsvertilger. Sie dezimieren Drahtwürmer.

Der vogelgerechte Garten

Der Herbst ist Pflanzzeit, Gelegenheit, Büsche zu pflanzen oder umzusetzen und neue Strukturen zu schaffen. Ein vogelgerechter Garten besitzt eine Strauchhecke, die sich zehn Jahre lang möglichst ungestört entwickeln sollte. Dort hinein gehören Holunder, Schneeball, Weißdorn und eine wuchernde Heckenrose. Diese Sträucher geben Herbst- und Winternahrung sowie reichliche Brutnischen. Auf der Westgrenze des Gartens könnte eine dichte Fichtenreihe stehen. Fichten bieten mit ihrem immergrünen Nadelkleid unzählig vielen Spinnen, Pflanzenläusen und Fliegen Unterschlupf und sind damit die sicherste Überwinterungsinsel für Heckenbraunellen, Goldhähnchen und Meisen. Eine Fichtenhecke, meist in ihrem Wert unterschätzt, ist auch Vogelversteck vor dem Sperber. Inmitten des Gartens sollte eine freie Fläche liegen, je nach Geschmack als Rasen oder bunte Sommerwiese genutzt. Beide sind der Jagdraum für Fliegenschnäpper, Rotschwänzchen, Singdrossel, Amsel und Star. Selbst einige

Lebensbäume hätten Platz in einem vogelgerechten Garten. Die Grünfinken danken dem immergrünen, blickdichten Baum mit reichlicher Brut.

Wasser

Jeder Vogelgarten braucht eine Wasserquelle. Das kann eine Vogeltränke sein oder ein Gartenteich mit flachen Sitzsteinen zum Trinken und Baden. Die Größe der Wasserquelle ist nicht so entscheidend. Wichtig ist, dass sie ganzjährig geöffnet ist. Während des Badens muss der Vogel freie Rundumsicht haben, um vor Katzen oder anderen Räubern ganz sicher zu sein. Von den Gartenvögeln akzeptierte Bademöglichkeiten bieten dem Vogelbeobachter viele amüsante Einblicke in die Vogelwelt.

Wohnraum

Ein Vogelgarten bietet auch für Höhlen- und Nischenbrüter viel Wohnraum. Ein

Links: Gartenteiche mit Flachwasserzonen sind die besten Vogeltränken.

Rechts: Lose Reisighaufen schätzen Zaunkönig und Rotkehlchen als Brutplatz.

aufgeschichteter Holzstoß, der nicht so sehr dem Kamin, sondern dem Gartengetier gehören soll, ist häufig Brutrevier für Rotkehlchen und Zaunkönig. Die verschiedenen künstlichen Nistangebote, wie sie auf den Seiten 50/51 beschrieben sind, verteilen sich rund ums Haus. Ihre Einflugöffnungen sollten nur nicht zur West- und damit Wetterseite zeigen. Auch ein Nistkasten mit steter Besonnung ist gefährlich für die Insassen, er heizt sich zu sehr auf. Ost bis Südost ist eine bewährte Richtung für frei hängende Höhlen.

Futter

Der ideale Vogelgarten bietet ganzjährig ein vielseitiges und abwechslungsreiches Futterangebot. Vogelfütterung außerhalb der Winterzeit ist ein Thema, das oft etwas dogmatisiert wird. Doch unsere Landschaft ist mit der modernen Landwirtschaft arm geworden an Pflanzen- und Insektenvielfalt. Deshalb kann eine ganzjährige Futterstelle ruhig mit Meisenknödeln, Nusssäckchen, Samenmischungen, Mehlwürmern, Kokosnussglocken, die noch das Fruchtfleisch enthalten, und aufgehängten Hirsekolben bestückt sein. Die Vögel suchen sich jeweils das Richtige aus und „verkommen" nicht, wie viele befürchten. Deswegen sammeln die Vogeleltern weiterhin Insekten und fressen selbst einen Sonnenblumenkern. Insgesamt stärkt es die Kondition der Gartenvögel und bringt auch bessere Bruten.

Sonnenblumen mit ihrer reichen Körnerfracht ziehen Grünfinken magisch an.

Auch Thujahecken sind nützlich im Naturgarten. Sie sind immergrüne Verstecke für die Nester der Grünfinken.

Selbst die seltenen Kreuzschnäbel kommen im Garten an die Vogeltränke.

Energie für den Zug

Etwa 200 europäische Vogelarten überwintern in Afrika, und zwar südlich der Sahara. Zweimal jährlich stellt sich ihnen diese 3000 Kilometer breite Barriere in den Weg. Wie schaffen es kleine Vögel von rund 20 Gramm Körpergewicht, wie die Grasmücken, solche Strecken zu bewältigen? Ihr Geheimnis ist ein ausgeklügeltes System der richtigen Nahrung zur richtigen Zeit. Sobald im Garten und am großen Schuppen die Holunderbeeren reif und schwarz sind, verhalten sich die Grasmücken sehr auffällig. Die Mönchsgrasmücke, die den ganzen Sommer Insekt um Insekt in dem Blättergewirr des Strauches zusammensuchte, vollführt nun merkwürdige Flugsprünge. Jedesmal versucht sie dabei, eine der reifen Beeren zu erhaschen. Die Amseln sitzen in dem Busch, die Singdrosseln ebenfalls. Und bald ist er abgeleert. Was macht den Holunder so attraktiv?

Überraschendes aus der Vogelforschung: Grasmücken brauchen Holunderbeeren für den Zug.

Das Fütterungsexperiment

Als der Ornithologe Peter Berthold an der Vogelwarte Radolfzell Gartengrasmücken ein Mischfutter anbot, wählten diese im Herbst bevorzugt die Früchte des Schwarzen Holunders aus. Es zeigte sich, dass die Beeren zusammen mit der Insektennahrung rasch Fettreserven bringen. Und Fett ist der Treibstoff für den Flug auf dem Zug in den Süden. Wie diese Mast durch die Früchte funktioniert, ist noch unklar. Vermutlich hängt sie mit den ungesättigten Fettsäuren zusammen, die besonders reichlich in pflanzlichen Fetten zu finden

sind. Die Vögel können geschmacklich sehr genau unterscheiden, welches Futter gerade für sie sinnvoll ist. Mit der Holunder- und Brombeermast füllen sie rasch ihre Depots auf. Diese reichen jedoch nicht bis ins südliche Afrika. Die Grasmücken müssen vor der Sahara zwischenlanden und fressen. Auch dort wählen sie energiereiche Früchte wie Feigen und Pistazien. Das gleiche Verhalten zeigen auch Rotkehlchen.

Die Bergfinkeninvasion

Mit dem Winter kommen auch die Bergfinken. Im Sommer brüten sie in den Birkenwäldern Skandinaviens. Zwischen Oktober und November wandern sie in großen Schwärmen nach Mitteleuropa, oft gemeinsam mit Buchfinken. Dann fallen sie vor allem in Buchenwäldern ein und verzehren die Bucheckern. In guten Mastjahren kann die Schar der Gäste auch in städtischen Parks und Friedhöfen beträchtlich groß sein.

Auch die Gartengrasmücke kann den Zucker der Holunderbeeren schnell in Fettpolster umwandeln.

Das lockende Rot

Jetzt im Herbst fallen Wacholderdrosseln in Weißdornhecken ein, Amseln fressen Cotoneasterbeeren, und die Mönchsgrasmücke versucht sich sogar an einem rotbackigen Apfel. Die Verbindung zwischen Zugvögeln und früchtetragenden Bäumen und Sträuchern gibt es schon lange. Sie ist eine gemeinsame Entwicklung, die sich immer wieder neu befruchtet. Viele Sträucher wie Weißdorn, Eberesche oder Schneeball produzieren deshalb so leuchtend rote Früchte, weil Vögel diese Farbe besonders gut sehen. Sie verpacken praktisch ihre Samen mit einer auffälligen fleischigen Hülle.

Die Pflanze will damit erreichen, dass ihre Samenkerne möglichst weit verbreitet werden. Und das funktioniert auch. Die Vögel verteilen auf ihren Beutezügen mit dem Kot die Samen der Sträucher. Schon manche Hecke wurde auf diese Weise von Vögeln gepflanzt. Und damit auch wirklich nichts schiefgeht, keimen Sträucher wie der Weißdorn nur, wenn ihre Samen eine Passage durch den Vogeldarm gemacht haben.

Weißdornbüsche sind für Wacholderdrosseln regelmäßige Tankstellen auf ihren Streifzügen.

Gehen oder Bleiben?

Den ganzen Sommer über haben die Mönchsgrasmücken fleißig ihr melodisches Lied gesungen und fünf Junge im alten Holunderbaum großgezogen. Da-

Der feine Magnetsinn der Vögel liegt im rechten Auge, entdeckt am Rotkehlchen.

Stieglitze sind Teilzieher, die ab Oktober nach Süd- und Westeuropa wandern.

nach flogen sie noch vier Wochen zeternd durch den Garten. Doch jetzt im Herbst verhalten sie sich merkwürdig. Sie schlafen nicht mehr die Nacht durch, sondern werden mit Eintritt der Dunkelheit unruhig. Zugunruhe erfasst sie.

Was die Mönchsgrasmücken im Herbst steuert, ist ein Programm, das weitgehend von Körperhormonen bestimmt wird. Sie können gar nicht anders, sie müssen diesem inneren Programm folgen. Das sieht vor, irgendwann mit beginnender Dunkelheit aufzubrechen und südwärts zu ziehen. Die genaue Richtung ist von Ort zu Ort verschieden. Schwedische Mönchsgrasmücken ziehen direkt über Syrien nach Ostafrika. Die Mönchsgrasmücken, die westlich einer Linie von Hamburg/München wohnen, fliegen über Spanien nach Westafrika. Ein Teil der Vögel bleibt schon im Mittelmeergebiet hängen und versucht hier zu überwintern.

Süd oder Nord?

Woher weiß ein insektenfressender Singvogel, der den unwirtlichen Norden vor dem Winter verlassen will, wo Süden ist? Vögel orientieren sich tagsüber nach der Sonne und nachts nach den Sternen. Das ist ihnen jedoch nicht angeboren. Sie müssen während ihrer Jugend die Sternbilder wahrnehmen lernen.

Was macht aber eine Grasmücke, wenn Wolken den Himmel verdecken? Wir wissen heute, dass Vögel einen sehr feinen Magnetkompass besitzen. Die „Kompassnadel" sind vermutlich zwei eiweißähnliche Stoffe, die Kryptochrome. Sie reagieren auf Änderungen der magnetischen Feldstärke. Und wo liegt dieser feine Kompass? Vogelforscher sind sich einig, Singdrossel, Mönchsgrasmücke und Rotkehlchen tragen diesen Kompass im rechten Auge.

Wie lange fliegen?

Ist Kenia oder Südafrika das Überwinterungsziel? Woher weiß ein Vogel, wie weit er ziehen muss? Es ist die Menge an Hormonen, die Zugunruhe auslöst. Ist sie verbraucht, kommt der Zug zum Stillstand. Und das ist bei jeder Vogelart anders. Die größte Zugunruhe hat die Gartengrasmücke. Sie fliegt etwa 5000 Kilometer weit. Die Mönchsgrasmücke landet schon nach 2500 Kilometern und die auf Korsika lebende Sardengrasmücke fliegt gerade mal 250 Kilometer weit.

Die Hierbleibenden

Eine Reihe von Vogelarten führen ihr Leben lang kaum Wanderungen aus. Man bezeichnet sie als Standvögel. Es sind Arten mit einem breiten und flexiblen Nahrungsspektrum. Und so bleiben sie uns im Winter erhalten, die Krähen, Amseln, Meisen, Spechte und Goldhähnchen.

Andere wiederum könnte man als Vagabunden bezeichnen. Das sind Teilzieher, die schlechten Wetterbedingungen nur ein wenig ausweichen, die immer auf der Suche nach dem schnellen Futterfund sind. Sie werden uns in den nächsten Monaten

Oben: Seine Flugenergie bezieht der Stieglitz aus Disteln- und Erlensamen.

Links: Die meisten Stare wandern nach Nordafrika. Kleinere Schwärme bleiben oft hier.

begleiten, die Schwärme von Stieglitzen am Straßenrand, Lerchen und Goldammern am Futterplatz in der Stadt. Einige seltsame Gäste werden auch dabei sein.

Zugunruhe. Hormone zwingen die Vögel, sich auf den Weg zu machen, gemeinsam oder allein.

Winter

Winter – Die Zeit des trüben Lichts, der kurzen Tage, die Zeit von Kälte und Schnee. Auch jetzt ist die Welt nicht vogelleer. Über die Felder ziehen Krähenschwärme. Mäusebussarde lauern regungslos. Und an den Futterstellen streiten sich Grünfinken, Meisen und Sperlinge um die besten Plätze. Aus dem hohen Norden treffen Vogelgäste ein und ziehen wie plündernde Trupps durch die noch früchtereichen Hecken. Rund ums Haus ist jetzt die beste Beobachtungszeit. Nie kann man Vögel besser beobachten als am Futterhaus vor dem Fenster. Zu keiner Zeit ist unsere Hilfe mehr gefragt.

Waldeulen in der Stadt

Waldohreulen verbringen den Winter oft in Schlafgruppen in Dorf und Stadt.

Jetzt im Winter sind die Bäume durchsichtig. Ein Verstecken im Laub ist nicht mehr möglich. Jeder Vogel, jede Gruppe fällt sofort auf. Und so staunen wir nicht schlecht, als an einem klirrend kalten Wintertag Waldohreulen im Geäst der alten Dorflinde sitzen. Eindeutig sind sie an den großen Federohren zu erkennen. Eigentlich sind

Porträt einer Waldohreule. Die Kopffedern sind nicht die Ohren, sie dienen dem Ausdruck.

das gar keine Ohren, sondern nur Federbüschel am Kopf, die bei Erregung aufgestellt werden können. Und erregt sind die fünf Waldohreulen anscheinend wirklich, die da regungslos an den Stamm geschmiegt sitzen. Sie mussten sich umstellen, als der Winter kam: von Mäusejagd auf den Feldern auf Singvogeljagd in Dorf und Stadt. Mit Einbruch der Dämmerung fliegen sie los und fangen gezielt schlafende Vögel von den Zweigen. Ihre besonderen Augen mit den restlichtverstärkenden Pigmenten sehen selbst in dunklen Nächten noch gut. Bis zu fünfzig Eulen kann ein solcher Wintertrupp umfassen. Oft sind es gemischte Gruppen aus hier gebliebenen und skandinavischen Gästen. Manchen hohen Bäumen in Friedhof oder Park bleiben sie den ganzen Winter treu. Im März sind dann die ersten Balzrufe der Männchen zu hören: ein dumpfes und weiches „huh" [CD Nr. 11]. Gegen Winterende ziehen sie wieder hinaus in die kleinen Kiefer- und Fichtenwäldchen, um zu brüten.

Vorherige Doppelseite:

Großes Bild:
Festmahl der Erlenzeisige. Ein Schwarm fällt über Erlenkätzchen her.

Kleines Bild:
Schwere Zeiten für Mäusebussarde. Geduldig lauert dieser auf Mäuse.

Milde Winter, andere Vögel?

Vögel besitzen offensichtlich genaue Vorstellungen, wie ihr jeweiliger Lebensraum aussehen muss. Und sie sind sehr anpassungsfähig. Sie können sich schnell neue Futterquellen, Lebensräume und offensichtlich auch andere Lebensrhythmen erschließen, denn innerhalb weniger Tage können sie Tausende von Kilometern zurücklegen. Neben den Insekten sind Vögel die mobilsten Lebewesen. So zeigen neue Untersuchungen, dass Vögel schon längst auf veränderte Klimabedingungen re-

agieren. Früher nahm man nur an, dass die Veränderungen in unserer Kulturlandschaft die Zahl und Häufigkeit der Vögel entscheidend beeinflussen. Heute finden wir klare Belege dafür, dass die globale Erderwärmung noch viel stärker als angenommen die Zusammensetzung unserer Fauna beeinflusst. Werden wir bald häufiger Mittelmeerarten bei uns finden? Eine Reihe von Hinweisen lässt das vermuten, vor allem bei Insektenfressern wie Grasmücken und Laubsängern.

Bald Opfer der Klimaänderung? Gartenrotschwänze haben drastisch abgenommen.

Im Winter nach England

Die Mönchsgrasmücken aus unseren Gärten flogen bisher geschlossen nach Afrika und überwinterten südlich der Sahara. Heute machen das längst nicht mehr alle Mönche. Etliche ziehen statt in den Süden nach Südengland. Am Ärmelkanal ist das Klima im Winter mild und der Flugweg dorthin kostet einen Bruchteil an Energie im Vergleich zur Flugreise nach Afrika. Natürlich sind sie auch früher zurück und finden reichlicher Insekten, die ein milder Winter verschont hat.

Wer zuerst kommt, mahlt zuerst

Wer zuerst im Brutgebiet ankommt, hat die freie Auswahl unter den Brutplätzen und auch unter den Partnern. Und er hat einen Zeitvorteil. Nur zwei Wochen früher mit der Brut beginnen zu können, ist für einen Vogel enorm viel Zeit. So viel, dass er ein Gelege bereits ausgebrütet hat, wenn die anderen erst zurückkommen. So werden die Langstreckenzieher unter den Vögeln wahrscheinlich die Verlierer der Klimaerwärmung sein. Nach einer aufwendigen Vogelerfassung am Bodensee haben schon jetzt Rauchschwalbe, Gartenrotschwanz und der Wendehals dramatisch abgenommen. Vermutlich ist dafür das Futterangebot verantwortlich: In milden Wintern zapfen die Hiergebliebenen vorhandene Nahrungsquellen bereits an und verbrauchen sie teilweise. So bleibt den Zugvögeln deutlich weniger übrig.

Dramatischer Rückgang auch beim Gelbspötter. Dieser Parksänger wird bald verdrängt sein.

Neues Klima – neue Arten

Die höheren Durchschnittstemperaturen wirken sich schon jetzt direkt auf unsere Vogelfauna aus. So kommen immer mehr Vogelarten aus dem Mittelmeerraum in nördlichere Gefilde. Am Bodensee wurden bereits Zippammern, Orpheusspötter und Felsenschwalbe gefunden. Auffällig ist, dass der Gelbspötter, ein häufiger Gast von Laubwäldern und Parks, um rund 74 % abgenommen hat. Gleichzeitig drängt die nahe verwandte Art, der Orpheusspötter nach. Werden wir bald neue Lieder hören?

Eine Prognose über eine sich ändernde Vogelwelt zu wagen ist schwierig. Dafür ist diese Tiergruppe zu anpassungsfähig.

Der Kälte trotzen

Der kalte Ostwind pfeift heute erbarmungslos ums Haus. Schon nach wenigen Minuten im Garten kehren wir durchgefroren ins Haus zurück und wärmen uns auf. Wie schaffen das nur die Vögel, dieses Wetter draußen zu überstehen? Auch sie sind doch wie wir gleichbleibend warm. Ihre Körpertemperatur liegt sogar noch höher als bei uns Menschen. Beim Haussperling beispielsweise liegt sie nachts bei 39 Grad Celsius und tagsüber sogar über 42 Grad. Wie schafft der Sperling das? Die

Erklärung liegt in dem fantastisch variablen Federkleid. In der warmen Jahreszeit war der Spatz mit eng anliegendem Gefieder zu beobachten. Und wenn er in der Sonne saß, spreizte er alle Federn auseinander. Jetzt im Winter sitzt der gleiche Sperling im Garten mit einem kugelrund aufgeplusterten Federkleid, aus dem kaum der Schnabel hervorsieht. Seine rund 1000 Federn bilden nun eine Kugel, die Wärmeverluste nicht zulässt. Wird es darin zu warm, werden die Federn einfach

Bei Kälte plustert sich der Spatz ein wenig auf. Luft im Federkleid isoliert.

Gartenbaumläufer bilden bei Frost Schlafgemeinschaften. Jeder wärmt jeden.

wie Jalousien aufgestellt und der Wind kann die Haut kühlen.

Gegenseitig wärmen

Wird es draußen noch ungemütlicher, kann sich der Vogel mit Kältezittern helfen, denn das Muskelzittern erzeugt Wärme. Eine weitere Möglichkeit ist es, sich gegenseitig zu wärmen. Krähen etwa rücken in Frostnächten eng zusammen. Spatzen sitzen dicht bei dicht. Und Zaunkönige übernachten in ihren Backofennestern häufig als Gruppe. Eine besondere Technik haben Gartenbaumläufer entwickelt: Sie setzen sich sternförmig zusammen und wärmen sich gegenseitig mit der Brust. Und helfen alle diese Methoden nichts, haben Vögel immer noch einen Trumpf im Ärmel. Sie können ihre Körpertemperatur absinken lassen und in eine Starre verfallen, die erheblich Energie einspart. Einen ganz besonderen Trick besitzt die Ringeltaube. Als ob sie sich Winterstrümpfe anzöge, legt sie sich eine dicke Hornhautschicht an den Beinen zu. Auch das isoliert.

Die Nase in den Wind

Wenn Lachmöwen in der Stadt überwintern und der Wind kräftig bläst, ist eine weitere Technik der Vögel zu bewundern, Energie zu sparen. Alle Möwen sitzen exakt mit dem Schnabel in Windrichtung. Wie eine Wetterfahne bieten sie dem kalten Nordost die stromlinienförmige Längsrichtung und damit die kleinste Kör-

Lachmöwen richten sich nach dem Wind aus. Das vermindert die Auskühlung

Tauben tragen im Winter an den Zehen kleine Hornplättchen, die wie Strümpfe schützen.

perfläche. Womit sie Windrichtung und eventuell auch Windstärke messen, ist noch unbekannt. Vielleicht sind es kleine Borsten am Schnabel.

Der geduldige Bussard

Links: Mäusebussard mit Maus im Fang. Sie muss für zwei Tage reichen.

Rechts: Im Winter muss der Bussard auch auf Aas ausweichen, wie auf einen toten Fuchs.

Am Luderplatz herrscht reges Treiben. Winternahrung ist hart umkämpft.

Bei Schneelage fällt dieser Greifvogel besonders auf. Stundenlang sitzt er in aufrechter Haltung bewegungslos auf einem Zaunpfahl neben der Ausfallstraße. Der Mäusebussard wartet auf Aas, das der Autoverkehr ihm häufig beschert. Wenn er Glück hat, huscht auch eine Maus über die noch kaum bewachsene Straßenböschung. Im Sommer sind Mäusebussarde vor allem Jäger von Feldmäusen, die sie mit den Fängen ergreifen. Auch Maulwürfe, Spitzmäuse, Frösche, Eidechsen oder Schlangen und selbst Regenwürmer greifen sie sich. Doch jetzt im Winter sind sie darauf angewiesen, überfahrene Tiere zu nehmen. Dass sie hier an der Autostraße häufig fündig werden, lernen Bussarde schnell.

Erstaunliche Vielfalt

Die recht zahlreichen Winterbussarde entlang der Straßen zeigen eine erstaunliche Vielfalt in Färbung und Zeichnung des Gefieders. Es gibt Mäusebussarde mit fast weißer Unterseite und nur wenigen dunklen Flecken. Es gibt den fast einfarbig dunkelbraunen und sogar den rötlichbraunen Bussard. Auch wenn es oft so scheint, sind die weißen Bussarde nicht die alten Herren

Tipp › Winterfutter für Bussarde

Wer 20 und mehr Bussarde aller Farbvarianten auf einem Fleck erleben will, sollte bei Schneelagen einen Luderplatz anlegen. Das geht ganz einfach: Man legt zerteiltes frisches Rinderherz auf einer freien Acker-fläche aus. Die Bussarde der Umgebung entdecken das Angebot sehr schnell und halten die Krähen auf Distanz. Sinnvoll ist eine vorherige Absprache mit dem Landwirt oder dem örtlichen Jagdbeauftragten.

ihrer Art, sondern Spielarten. Es sind Farb-varianten einer großen Bussardpopulation, die meist aus dem Nordosten stammt. Dort sind andere Farbtöne in der Landschaft, andere Tarnkleider erforderlich. Normaler-weise sind Mäusebussarde recht stand-orttreu. Doch die Bussarde Ostdeutsch-lands führen dreimal häufiger weite Wanderungen durch als die aus West-deutschland. Zuzüglich kommen schwe-dische Mäusebussarde im Winter zu uns. Und so sitzen die unterschiedlichsten Mäu-sebussarde auf den Pfählen der Straßen.

Sitzstangen für den Bussard

Beim Straßenbau werden heute als „bau-begleitende Maßnahme" häufig Sitzstan-gen für Bussarde errichtet. Sie sollen Bus-sarde und andere Greifvögel dazu ver-anlassen, sich um die Feldmäuse der aufgeschütteten Straßenböschungen zu kümmern. So erhielt eine Neubaustrecke in Norddeutschland auf 10 Kilometern 220 solcher Sitzstangen, die sogenannten Ju-len. Bei täglicher Kontrolle zeigte sich, dass innerhalb von zwei Jahren nur 20 Bussarde den behördlichen Sitzplatz annahmen.

Alle übrigen saßen viel lieber auf den nur 1–2 m hohen Zaunpfählen von Koppeln und Wildschutzzäunen. Von dort ist der Flugsprung zur Maus nicht so weit.

Oben: Heller Bussard aus Nord-europa. Dort sind Bussarde häufig heller gefleckt.

Unten: Der Mäusebussard ist oft zu Fuß unterwegs. So kann er Kleintiere schnell greifen.

Brüten im Winter

Wenn der Herbst reichlich Zapfen an den Fichten brachte, zieht ein besonderer Fink durch die Nadelwälder der Mittelgebirge und Alpen, der Fichtenkreuzschnabel. Sind die Höhen tief verschneit, wandern diese Finkenvögel in großen Trupps auch in die Täler und besuchen die zapfentragenden Fichten der Gärten. Wie Papageien hängen sie an den Zapfen und stochern mit ihren überkreuzten Schnabelspitzen darin herum. Diese überkreuzten Schnabelspitzen machen es besonders leicht, die Zapfen-schuppen auseinanderzuspreizen und die Samen darunter hervorzuholen. Unverwechselbar sind sie gefärbt, leuchtend rot das Männchen und grünlich das Weibchen. Große Trupps landen manchmal sogar an Hauswänden, um Mineralstoffe aus dem Verputz einzusammeln.

Nestbau zu Weihnachten

In guten Jahren beginnen die Fichtenkreuzschnäbel schon im Dezember zu

Weibchen des Fichtenkreuz-schnabels mit Tarnfärbung zur Brut in Winterfichte.

Kiefernkreuzschnäbel spreizen mit ihrem Spezialschnabel Zapfenschuppen auseinander.

Tipp > Zweite Art in Nordeuropa

In Norwegen, Schweden und den baltischen Ländern lebt der sehr ähnliche Kiefernkreuzschnabel. Seinem Namen gemäß wohnt er dort vorwiegend in Kiefernwäldern. Die beiden Vogelarten sind sich so ähnlich, dass sie früher für zwei Rassen gehalten wurden. Doch heute wissen wir, dass es zwei Arten sind, die sich nicht vermischen. Sie haben sich ihre Lebensregionen und Futterarten exakt untereinander aufgeteilt.

Gelegentlich kratzen Kreuzschnäbel an Hauswänden. Sie suchen Kalk und Mineralstoffe.

brüten. Das solide Nest aus Gräsern, Halmen und Moos wärmt auch an frostigen Tagen. Nur verlassen darf das Weibchen die Eier für keine Sekunde. Sie würden sofort auskühlen. Deshalb versorgt es das Männchen während der Brutzeit mit den kalorienreichen, ölhaltigen Samen der Fichtenzapfen.

Die kleinsten Vögel des Winters

An Spätherbsttagen erlebt die Nordseeinsel Amrum gelegentlich eine merkwürdige Invasion. Hunderte winziger Vögel ziehen durch die Gärten und fliegen in jede noch so kleine Fichte. Die Winzlinge mit dem orangeroten Mittelstreifen auf dem Kopf durchsuchen in den Bäumen jeden Zwischenraum der Nadeln. Sie sind nicht mal daumengroß und wiegen gerade fünf Gramm. Ziemlich häufig fliegen sie gegen Fensterscheiben und bleiben auf Terrassen und Balkons benommen liegen. Doch meist schon nach zwanzig Minuten sind sie wieder mobil und fliegen weiter. Ständig begleitet den Zug ein hohes „sih-sih-sih" [CD Nr. 34]. Die Wintergoldhähnchen sind wieder da.

Der kleinste Vogel Europas. Das Wintergoldhähnchen wiegt gerade fünf Gramm.

Oft übersehen – oft überhört

Zwei Goldhähnchenarten gibt es in Europa, das Winter- und das Sommergoldhähnchen. Beide sind sich extrem ähnlich, sowohl im Aussehen, als auch in Verhalten, Nestbau und Brut. Doch worin unterscheiden sie sich? Irgendwelche Unterschiede muss es geben, sonst wären sie als nahe verwandte Arten nicht überlebensfähig. Es gibt sie tatsächlich, diese Unterschiede: Erstens, das Wintergoldhähnchen sucht an senkrechten Nadelzweigen nach Insekten, das Sommergoldhähnchen bevorzugt waagrechte Zweige. Und zweitens, jetzt in den kargen Zeiten des Winters bleibt nur das Wintergoldhähnchen in Mitteleuropa. Das Sommergoldhähnchen wandert in das Mittelmeergebiet.

Die winzigen Vögel werden meist übersehen, obwohl sie in jeder Fichtenhecke eines Gartens auftauchen. Auch überhört werden sie oft. Ihre wispernden Laute sind so hoch, dass ältere Menschen sie oft gar nicht hören können. Ältere Ohren schneiden sehr hohe Töne einfach ab. Doch wer mit Kindern durch den Winterwald wandert, wird es überall entdecken, das Gewisper der Wintergoldhähnchen.

Klein und lautstark

Der Dritte im Bunde der Kleinen ist der Zaunkönig. Der rundliche dunkelbraune Vogel wiegt neun Gramm und ist etwa neun Zentimeter groß. Ständig trägt er seinen Schwanz steil aufgerichtet. Er huscht wie eine Maus von Deckung zu Deckung, fliegt geradlinig dicht über den Boden und

Oben: Das Sommergoldhähn-chen trägt einen hellen Streifen über und unter dem Auge.

Links: Dieser Vogelzwerg ist auf die Suche von Kleininsekten an Nadelzweigen spezialisiert.

singt an sonnigen Tagen schon mitten im Winter sein Lied. Es ist ein Schmettern und Trillern, das weithin klingt [CD Nr. 37]. Die Nächte verbringt der Zaunkönig in kuge-ligen Nestern, die noch vom Sommer stam-men. Weil dieser kleine Vogel von Insekten, Spinnen und Würmern lebt, ist er in kalten schneereichen Wintern sehr gefährdet. Bei mehreren strengen Wintern nacheinander bricht seine Population richtiggehend ein. Doch seit die Winter milder werden geht es dem Zaunkönig sehr gut.

Singt auch im Winter. Der drittkleinste Vogel Europas ist der Zaunkönig.

Futterstellen

Wer Vögeln helfen möchte, kann um Haus und Garten mit dem richtigen Winterfutter etwa 80 verschiedene Arten unterstützen und natürlich auch beobachten. Die klassischen Futterstellenbesucher sind die Meisen.

Futter für Meisen und Goldhähnchen

Meisen sind Allesfresser und bevorzugen vor allem Fettfuttermischungen mit Sonnenblumenkernen und Erdnüssen. Die geschickten Kletterkünstler wie Blau- und Kohlmeise sind am leichtesten mit aufgehängten Meisenknödeln zu versorgen. Die Sumpfmeise besucht häufig auch ein Futterhaus mit losen Sonnenblumenkernen. Die seltenere Schwanzmeise braucht eine Weichfuttermischung mit Sämereien. Schwanz-, Hauben-, Sumpf- und Tannenmeisen freuen sich auch über käufliche Fettfuttermischungen, die mit einem Spachtel in die rissige Borke von Bäumen gestrichen werden.

Goldhähnchen kommen nur an Futterstellen, wenn unmittelbar in der Nähe Nadelbäume zur Verfügung stehen. Man kann sie regelrecht anlocken, indem man Zweige in verflüssigte Fettmischungen eintaucht und diese hart werden lässt. Wer sich die Mühe nicht machen möchte, der hängt an möglichst vielen Winkeln des Gartens fertige Meisenknödel auf.

Futter für die Finkenvögel

Diese artenreiche Vogelfamilie stellt hauptsächlich ausgeprägte Körnerfresser. Der Grünfink schält im Futterhaus mit Begeisterung Sonnenblumensamen. Diese holt er sich auch aus den Meisenknödeln. Grünfinken durch den Winter zu bringen, ist unkompliziert. Schwieriger ist es schon mit dem Buchfink, der ungern in die Futterhäuser fliegt. Er will sein Futter vom Boden aufnehmen. Kleine Sämereien und in Fett getränkte Haferflocken mag er sehr gerne. Bevorzugt kleine Sämereien braucht der Girlitz. Immer häufiger bleibt

Links: Optimales Winterfutter für Meisen bieten diese Fettringe.

Rechts: Ganzjährig hilfreich. Ein Säckchen mit Erdnüssen gibt Energie.

Praktisch, sauber, gut. Der Meisen-knödel ist ein Universalfutter.

Links: In Waldnähe kommen auch Tannenmeisen ans Fettfutter.

Rechts: Neuerdings auch in Ortschaften an Futterstellen zu beobachten: die Haubenmeise.

dieser Zugvogel bei uns. Der dem Zeisig sehr ähnliche Vogel kann mit Kanarienvogelfutter oder der sogenannten Waldvogelmischung aus dem Handel gut versorgt werden. Ein Spezialist für die Samen von Hainbuchen ist der Kernbeißer. Er hat den kräftigsten Schnabel aller Finken und kann selbst steinharte Bucheckern knacken. Im Garten helfen ihm große Sonnenblumenkerne. Für Stieglitz, Hänfling und Bergfinken ist die Bodenfutterstelle aus Sonnenblumen und Waldvogelsamen die beste Lösung.

Bodenfütterung ist leider nicht ganz ungefährlich für die Vögel, denn viele scheiden während des Fressens mit dem Kot auch infektiöse Erreger aus. Mit einer Bodenfütterung lässt sich schnell eine Winterschar infizieren. Der einfachste Weg, das zu verhindern, ist die „wandernde Bodenfütterung". Jeden Tag wird das Futter einen Meter weiter ausgestreut. Die Vögel wandern mit.

Bergfinken aus Skandinavien lieben Bucheckern, Sonnenblumenkerne und Erdnüsse.

eine leicht zu beschaffende Energiequelle für diese Vogelgruppe. Am besten wird sie eingesetzt auf einer wandernden Bodenfütterung. Wer Sperlinge gerne im Futter-

Futter für Sperlinge, Braunellen und Ammern

Wer die beiden häufigen Sperlingsarten genauer beobachtet, wird feststellen, dass sie unterschiedliche Winternahrung bevorzugen. Der Haussperling mit seinem kräftigen Schnabel nimmt neben Sonnenblumenkernen sehr häufig Getreidekörner an. Der Feldsperling sucht mit seinem etwas weicheren Schnabel eher nach Fettfutter und kleinen Sämereien. Haferflocken, Fettfutter, Getreidemischungen, Kanarienvogelfutter und Rapssamen sind

Für den Grünfink sind aufgehängte Sonnenblumenrosetten ideales Winterfutter.

Goldammern brauchen Sämereien am Boden ausgestreut. Plätze täglich wechseln!

Oben: Saubere Sache und sehr praktisch, das Futtersilo. Hier mit Feldsperlingen.

Unten: Nur selten im Futterhaus, sonst meist am Boden suchend: die Heckenbraunelle.

Der Buntspecht liebt es, Fett und Nüsse aus einer hängenden Glocke herauszumeißeln.

haus sitzen hat, sollte es am besten mit mehreren Lagen Zeitungspapier auslegen, das täglich gewechselt wird. So werden Infektionen vermieden.

Für die Heckenbraunelle sollte die Futterstelle stets in der Nähe einer Nadelbaumhecke liegen. Sie verlässt ungern die sichere Deckung.

Futter für Spechte und Baumläufer

Zu den regelmäßigen Futterstellenbesuchern gehört der Buntspecht. Der amselgroße schwarzweiße Specht mit den roten Unterschwanzdecken liebt Fettfutter und hängt sich gerne an Meisenknö-

del. Weil diese allerdings meist zu klein sind, schaukelt er dort recht hilflos. Besser ist es, für ihn Futterglocken aus umgestülpten Blumentöpfen aufzuhängen. Diese müssen als Sitzstange ein raues Stück Holz haben, das wie ein langer Klöppel aus der Futterglocke hängt. Besonders glücklich kann man Buntspechte mit Fichten- oder Kiefernzapfen machen, die vor dem Winter gesammelt wurden. Der Grünspecht kommt als Ameisenspezialist nur selten an die Futterstelle. Gelegentlich nimmt er auf dem Boden liegende Meisenknödel auseinander oder frisst an ausgelegten Äpfeln.

Für die Gartenbaumläufer muss man einen Fettknödel direkt am rissigen Baumstamm befestigen. Alte Apfelbäume bieten sich hierfür an.

Der Kleiber ist ein Sammler. Stundenlang fliegt er zwischen dem Futterhaus und seinen Verstecken hin und her. Er holt Sonnenblumenkerne, Erd- und Haselnüsse und steckt sie in rissige Borke, in Trockenmauern und selbst in Backsteinfugen.

Futter für die Drosselvögel

Der beliebteste Drosselvogel ist das Rotkehlchen. Eigentlich ist dieser Insektenfresser mit dem typischen Pinzettenschnabel ein Zugvogel und müsste in Afrika sein. Doch immer häufiger überwintern Rotkehlchen bei uns oder kehren sehr frühzeitig zurück. Ihnen ist mit Haferflocken, Nussstückchen und ab und zu einer Schale mit lebenden Mehlwürmern (Futterhandel) gut zu helfen.

Die größeren Drosseln wie Amsel, Wacholderdrossel und Singdrossel sind eifrige Futterstellenbesucher. Sie meiden allerdings das Fettfutter und suchen nach Haferflocken, Erdnussbruch, Rosinen und ausgelegten Äpfeln. Auch für sie gilt: Die Futterstelle am Boden jeden Tag ein Stückchen weiter wandern zu lassen.

Das wichtigste Futter für alle Wintervögel aber ist sauberes Wasser. Gerade in Frostzeiten brauchen Vögel eine Trinkquelle mit frischem Wasser.

Dicht am Stamm gehängt sind Meisenknödel für Spechte ideal plaziert.

Der Kleiber holt jeden Sonnenblumenkern einzeln ab. Für ihn ist das Silo perfekt.

Drosseln brauchen Äpfel. Man kann sie auslegen oder Bäume ungepflückt stehenlassen.

Das beste Winterfutter bietet ein strauchreicher Garten. Hier Weißdornfrüchte.

Die Farben der Vögel

Das leuchtende Gelb der Gold-ammern müssen die Vögel mit der Nahrung aufnehmen.

Links: Das Blau des Eichelhähers entsteht durch Brechung des Sonnenlichts.

Rechts: Die Farbstoffe der Erlen-zeisige stammen aus den Erlen-kätzchen.

und Beinfarben, von unterschiedlichen Arm- und Handschwingen sind schier unerschöpflich. Nur wenige Arten sind farblich kaum voneinander zu unterscheiden, wie etwa die Laubsänger. Die meisten anderen Vögel sind sehr eindeutig und typisch gefärbt. Woher kommen die Farben?

Wir unterscheiden drei Typen der Farberzeugung.

Die Pigmentfarben

Pigmente sind Farbstoffe, die während des Wachstums der Federn dort abgelagert werden. Meist sind es chemische Verbindungen aus Aminosäuren, die unterschiedliche Farben erzeugen. Eumelanine sind verantwortlich für das Schwarz von Krähen und Amseln, rotbraune Phaeomelanine versehen den Fasan mit erdbraunen Tarnfarben und geben auch dem Hühnerküken sein leuchtendes Gelb. Eine Reihe dieser Farbstoffe können die Vögel nicht selbst her-

In Vielfalt und Pracht der Färbung sind die Vögel nach den Schmetterlingen sicher die buntesten und leuchtendsten Tiere. Die Farbkombinationen von Schnabel-

Oben: Eichelhäher. Sein Feder-kleid vereinigt alle Farbtypen in sich.

Links: In den Federn des Stieglitz leuchten Blütenfarben aus den pflanzlichen Samen.

stellen. Sie müssen mit der Nahrung aufgenommen werden. Dazu gehören vor allem rote und gelbe Farben. Viele erfahrene Vogelzüchter mischen zum Beispiel Paprikapulver oder Cayennepfeffer in das Futter, um das Gefieder von Kanarienvögeln leuchten zu lassen. Auch die gelben Farbtöne von Girlitz, Stieglitz und Goldammer gehen auf pflanzliche Blütenfarbstoffe zurück, die mit der Nahrung aufgenommen werden. Deshalb fressen selbst reine Körnerfresser zwischendurch eine Löwenzahnblüte.

Die Strukturfarben

Das glänzende Weiß der Möwen ist das Ergebnis von Lichtreflexionen an den luftgefüllten Federn. Und auch Schillerfarben wie bei Eisvogel, Stockente oder der typisch blauen Flügelfeder des Eichelhähers entstehen durch Lichtbrechung an den sehr feinen Federstrukturen. Diese Lichtbrechung ist manchmal so fein, dass sie Federn als samtige Oberfläche erscheinen

lässt. Der Seidenglanz der Seidenschwänze ist ein schönes Beispiel dafür.

Die Haftfarben

Manchmal tragen die Vögel mit dem Schnabel Farbstoffe auf das Federkleid. Wenn Enten sich mit dem Fett der Bürzeldrüse einfetten, verteilen sie häufig auch Rosttöne aus dem Eisengehalt des Wassers. Auch mit Staubbädern nehmen viele Vögel Farbpartikel auf. Die Haussperlinge und Lerchen mancher Industriegegenden waren früher häufig dunkler als ihre Verwandten aus anderen Gebieten. Sie hatten sich beim Staubbaden Rußpartikel in die Federn geschmiert.

Wozu dienen die vielen abgestuften Farben und Färbungen? Die Funktionen sind vielfältig und viele noch unbekannt. Sie dienen als Tarnfarbe, zum Erkennen der Partner, als Mittel der Balz, zum Austausch von Signalen, als Anlockungsmittel oder als Drohgebärde. Die Farben der Vögel sind ein Spiel mit tausend Regeln.

Die rotbraunen Tarnfarben des Fasans stammen vom Farbstoff Phaeomelanin.

Kalte Füße

Oben: Stockenten können dank ihrer speziellen Fußheizung nicht festfrieren.

Rechts: Die Fußlappen des Blässhuhns sind 0,5 Grad warm, der Körper 38 Grad Celsius.

Tipp > Brennstoff für die Entenheizung

Für Enten, Schwäne, Blässhühner und Teichhühner eignen sich nur Mais und Getreide als Winterfutter. Diese Pflanzenfresser gewinnen ihre Energie aus der Umwandlung von Stärke. Mais- und Getreidekörner sollten aber immer in weitem Bogen auf das Eis gestreut werden, um Infektionen zu verhindern.

„Brrr" möchte man sagen, wenn man die Enten und Blässhühner auf dem zugefrorenen Parkteich stehen sieht. Was machen diese Vögel eigentlich gegen kalte Füße? Die Antwort ist einfach: nichts. Oder etwas genauer: nur sehr wenig. Der Grund liegt in einer bewundernswerten Temperaturregelung. Eine Stockente besitzt im Winter im Rumpf eine Kerntemperatur von 38 Grad Celsius. Entlang der nackten Beine nimmt die Temperatur rasch ab. An den Fußgelenken beträgt sie nur noch 8 Grad, die Schwimmhäute sind auf Schnee gerade noch „0,5 Grad warm". Doch diese Temperatur wird konstant eingehalten, auch wenn der Schnee Minusgrade aufweist. Die sehr exakte Einstellung vom Entenfuß auf null Grad hat zwei Vorteile: Eis und Schnee schmelzen nicht, die Ente behält den Boden unter den Füßen. Außerdem wird der Wärmeverlust aus dem Körper so klein gehalten, dass die Ente nicht ständig Energie zum Heizen verbraucht.

Wie funktioniert das?

In etwa gleicht die Feinregulierung der Körpertemperatur einer Zentralheizung. Auch hier werden die Wärmetauscher mit Regulierventilen eingestellt. Dabei haben Entenbeine noch ein Gegenstromprinzip. Das zum Fuß fließende warme Blut gibt einen Teil seiner Energie an das zurückfließende kalte Blut ab. Mit diesem Prinzip wird verhindert, dass Vögel auf dem Eis festfrieren. Nur ganz selten passiert es dann doch einmal.

Gäste aus dem hohen Norden

Ungewöhnliches Farbenspiel: gelbe Schwanzspitzen und rot lackierte Handschwingen.

Besuch aus der Taiga. Bei Frost fallen nordische Seidenschwänze im Garten ein.

Gestern noch hingen die Schneeball-büsche im Garten und an der Parkstraße voller leuchtend roter Beeren. Vor dem Frost wagte sich kein Vogel an die Früchte, in denen Bitterstoffe lagern, die auf Vogelmuskeln lähmend wirken. Mit dem Frost werden diese Inhaltsstoffe offensichtlich zerstört, denn nun stürzen sich nordische Seidenschwänze in Scharen auf die roten Beeren. Die knapp starengroßen, exotisch wirkenden Vögel tragen einen Federschopf am Hinterkopf. Ihr gesamtes Federkleid wirkt seidig. Am auffälligsten sind die lackroten Hornplättchen an den Spitzen der Armschwingen. Seidenschwänze brüten in der Arktis und verlassen diese erst, wenn dort ein akuter Mangel an Früchten droht. Je weiter der Winter nach Süden vordringt, um so größer werden die Schwärme. In manchen Jahren gibt es richtige Invasionen von Seidenschwänzen in die Großstädte. Dann sind nach wenigen Tagen alle Schneeballsträucher abgeleert.

Tipp > Hecken anlegen

Hecken sind wichtige Lebensadern in der Landschaft. Sie beherbergen mehr als 7000 Tierarten. Im Winter sind die Beeren von Heckensträuchern oft die einzigen Energiequellen für europaweit operierende Vögel. Mit einer abwechslungsreichen Wildhecke kann man sich Vogelreichtum bis in den Garten holen. Die Landschaftselemente mit der höchsten Brutdichte sind Doppelhecken. Für zahlreiche Vogelarten sind diese Heckenformen besonders attraktiv.

Seidenschwänze verbreiten bei ihren Streifzügen die Samen von Sträuchern in ganz Europa.

Birkenzeisige

Rund um den Parksee erstreckt sich ein kleiner Hain aus Birken und Erlen. Mitten in diese kleinen Inseln am Wasser fallen im Winter Finkenvögel mit einer roten Stirn ein. Es sind Birkenzeisige aus Nordeuropa. Sie suchen die Samenkätzchen der Birken nach Futter ab und kommen auf ihren Zügen weit umher. Oft sind sie mit Erlenzeisigen vergesellschaftet, die sich an den Holzzäpfchen der Erlen gütlich tun. Der Winter bringt oft die ungewöhnlichsten Vogelarten zu uns.

Rotdrosseln

Wenn sich ein Vogelschwarm in den Wintermonaten aus großer Höhe geradezu in eine Hecke hineinfallen lässt, sollte man mit dem Fernglas genauer hinsehen. Fällt beim fliegenden Vogel ein rostrotes Achselgefieder auf, dann sind es Rotdrosseln. Sie ähneln der Singdrossel, haben ebenso wie diese eine gesprenkelte Brust, aber eben zusätzlich die rostroten Achseln. Diese Vögel stammen aus Nordeuropa und fallen im Win-

ter in Parks, Obstgärten und Weinbergen ein, häufig begleitet von Singdrosseln, Amseln und Staren. Sie nehmen alle roten Früchte, egal ob von Ebereschen, Weißdorn, Schneeball oder Berberitzen.

Die Rotdrosseln aus Nordeuropa plündern im Winter Heckensäume.

Die Invasionen des Birkenzeisigs häufen sich in den letzten Jahren.

Am Futterhaus

Erbitterte Nahrungskonkurrenz: Grünfinken streiten sich um jeden Brocken.

Das Interesse an der Natur erwacht bei uns Menschen sehr früh. Kinder haben gerne Tiere um sich, möchten sie streicheln und auch füttern. Das Beobachten von Vögeln und anderen Tieren unserer Umgebung ist uns allen in die Wiege gelegt.

Vögel beobachten bereitet zu jeder Jahreszeit Vergnügen und sorgt immer wieder für Überraschungen. Gerade am Futterhaus ist immer etwas Neues zu entdecken. Welches ist der erste Vogel an der Futterstelle? Warum ist die Wachol-

Auch zwischen Kohl- und Blaumeise geht es oft heftig zu. Es geht ums Überleben.

derdrossel allen so überlegen? Und wohin ziehen sich die Gartenvögel zur Nacht zurück? Am Futterhaus kann man aus nächster Nähe sehen, wer welchen Schnabel besitzt, wer forsch oder schüchtern ist, welche Strategie für den Lebenskampf die einzelne Art besitzt. Hier lassen sich auch individuelle Unterschiede feststellen: Einer im Spatzenschwarm ist beispielsweise oft frecher als alle anderen.

Die bedeutendsten Erkenntnisse der Verhaltensforschung, der Ökologie und vieler organischer Abläufe im Körper sind oft an Vögeln gefunden worden. Und viele große Forscher haben ihren Lebensweg damit begonnen, Vögel zu beobachten. Ihre ungeheure Behändigkeit, ihre Rastlosigkeit, ihr Geschick zu fliegen und den Schnabel einzusetzen, ihre Farben und Formen – das alles macht Vogelbeobachtung so faszinierend.

Bald wird der erste Trauerschnäpper zurückkehren, werden Dohlen kleine Zweige in ihre Nester im Schornstein tragen. Dann beginnt es wieder von vorn: das Jahr der Vögel rund ums Haus.

Das Vogeltagebuch

Wann trafen die Seidenschwänze aus Skandinavien ein, um den Schneeball zu plündern? Kommen Zugvögel tatsächlich in den letzten Jahren früher aus Afrika zurück, weil das Klima sich ändert? Diese und weitere Fragen lassen sich nur mit langfristigen Aufzeichnungen beantworten. Führen Sie doch auch ein Vogeltagebuch.

Am Futterhaus hautnah zu erleben: Wie sieht ein Erlenzeisig aus?

Der scheue Kernbeißer lässt sich nur hier aus nächster Nähe betrachten.

Wie geschickt Sumpfmeisen Kerne öffnen, lässt sich am Futterhaus erleben.

Adressen

Deutschland

NABU – Naturschutzbund Deutschland
Herbert-Rabius-Str. 26
53225 Bonn

BUND – Bund für Umwelt und Naturschutz
　Deutschland e. V.
Am Köllnischen Park 1
10179 Berlin

Deutscher Jugendbund
　für Naturbeobachtung (DJN)
Justus-Strandes-Weg 14
22337 Hamburg

Deutscher Naturschutzring (DNR)
Am Michaelshof 8-10
53177 Bonn

Landesbund für Vogelschutz in Bayern (LBV)
Eisvogelweg 1
91161 Hilpoltstein

Stiftung Europäisches Naturerbe
Konstanzer Str. 22
78315 Radolfzell

Umweltstiftung WWF Deutschland
Rebstöcker Str. 55
60326 Frankfurt/Main

Österreich

Birdlife Österreich, Gesellschaft für
　Vogelkunde
c/o Naturhistorisches Museum
Museumsplatz 1/10/8
A-1070 Wien

Schweiz

Schweizer Vogelschutz (SVS)
Postfach
CH-8036 Zürich

Bildnachweis

Brossette,39u, 80, 105u, 134o, **Buchner/Limbrunner**,14u, **Danegger** 100, 14re, 28, 32, 39o, 40, 41o, 50o, 55u, 69ol, 73u, 78l, 79, 86lo, 86/87, 98, 120u, 120or, 130o, 131M, 136o, 136u, 88, 89ul, **Delpho** 15o, 35o, 44o, 49o, 9ol, 93u, **Diedrich** 15Mo, 41u, 43u, 57, 60u, 106ul, 106ur, 127u, **Dreyer** 5u, 8, 9u, **Fischer** 92r, 114, **Fünfstück** 4u, 5o, 44u, 9or, 97u, 101o, 101lu, 127oM, **Fürst** 19, **Groß** 27ol, 27or, 26o, 26u, 38o, 42lo, 45, 54u, 68, 69u, 81ro, 83lu, 86lu, 96, 100o, 105o, 107M, 112/113, 116, 125or, 137o, 135M, **Grü-ner** 34, 104, 109o, 111or, 119o, 123, **Hecker** 60, 22u, 49u, 48ur, 61o, 118l, 121u, 121o, 126l, 126r, 128lo, 129ro, 129lu, 130ul, 132/133, 132o, **Höfer** 15u, 16, 21o, 23, 63o, 65u, 70, 76r, 83r, 112o, **Hopf** 46/47, 71ro, 72rM, **Hortig** 78r, 107u, 128or, **Juniors-Bildarchiv** 6u, 70, 89ur, 89o, **Klees** 93o, 103ur, 129lo, 131u, **König** 9o, 24, 25o, **Küchle/Pforr** 27u, **Layer** 15or, 17, 38u, 103ul, 110o, 119u, **Lim-brunner** 10/11, 21u, 36, 55ol, 62, 66/67, 72u, 74lo, 91u, 91ro, 100u, 103o, 107o, 108, 110u, 111u, 118r, 129ru, 135o, 135u, **Maier** 5re, **Mestel/Hecker** 64, 137u, **Partsch** 12/13, 15li, 15Mu, 69or, 71ru, 82u, 127or, **Pforr** 7u, 37r, 42lu, 43o, 50/51, 52, 53l, 84, 85ul, 85ur, 94/95, 94o, 97o, 115, 122r, 125ol, 128u, 137M, **Sauer/Hecker** 40, 31o, 30, 53r, 101ru, 61M, 61u, **Schmidt** 54o, 85o, 77u, 109u, 117, 120ol, 122l, 124, 127ol, 127M, 128lM, **Schwegler** 48lM, 48ul, **Sy-natschke** 31u, 33o, 33u, 37o, 67o, 73o, 74lu, 77or, 81u, 82o, 99r, **Thielscher** 5li, 14li, 46o, 81l, 102, **Volmer** 25u, 92l, **Willner** 35u, 71l, 130ur, 134u, **Zeininger** 120, 12u, 18, 20, 22o, 42u, 55or, 56, 58/59, 58o, 60o, 63u, 65o, 66o, 72ro, 74/75, 76l, 77ol, 81rM, 83lM, 91rM, 99l, 111ol, 125u, 131o

Impressum

Mit 250 Farbfotos von B. Brossette (4), P. Buchner (1), M. Danegger (24), M. Delpho (6), J. Diedrich (8), W. Dreyer (3), B. Fischer (2), H.-J. Fünfstück 8), H. Fürst (1), R. Groß (22), T. Grüner (6), F. Hecker (16), M. Höfer (10), D. Hopf (3), E. Hortig (3), Juniors Bildarchiv (4), A. Klees (4), R. König (3), Küchle (1), W. Layer (6), A. Limbrunner (20), R. Maier (1), E. Mestel (2), H. Partsch (7), M. Pforr (18), F. Sauer (7), R. Schmidt (11), Fa. Schwegler (2), G. Synatzschke (11), E. Thielscher (5), B. Volmer (2), W. Willner (4), P. Zeininger(25)

60 Vogelstimmen von Jean C. Roché.

Genehmigte Lizenzausgabe für Verlagsgruppe Weltbild GmbH, Steinerne Furt, 86167 Augsburg
Copyright der Originalausgabe
© 2007 by Franckh-Kosmos Verlags-GmbH & Co. KG, Stuttgart.

Projektleitung: Stefanie Tommes
Lektorat: Rainer Gerstle
Umschlaggestaltung: Atelier Seidel, Teising
Umschlagmotiv: mauritius images l imagesbroker l Ingo Schulz
Gesamtherstellung: Neografia, a.s. printing house, Martin
Printed in the EU
978-3-8289-3481-8
2014　2013　2012
Die letzte Jahreszahl gibt die aktuelle Lizenzausgabe an.

Einkaufen im Internet: *www.weltbild.de*

Register

Die Vogelstimmen auf der CD

1 **Jagdfasan** – Gesang eines Männchens, Warnrufe im Flug und Rufe nach Einbruch der Dunkelheit, wenn die Fasane ihre Schlafplätze aufsuchen

2 **Zwergtaucher** – Rufe im Winter, Frühjahrsgesang eines Männchens und Duettgesang eines Paares

3 **Graureiher** – Rufe von Jungen am Horst und Flugrufe eines Altvogels

4 **Weißstorch** – Schnabelklappern eines Paares auf dem Nest

5 **Mäusebussard** – Rufe eines Paares bei der Flugbalz und typische Rufe am Horst

6 **Blässhuhn** – Langgezogener Ruf im Winter, hohe Warnrufe, andere häufige Rufe und Fußplatschen der über das Wasser laufenden Vögel beim Starten

7 **Ringeltaube** – Verschiedene Gesangsformen eines Männchens

8 **Türkentaube** – Verschiedene häufige Rufe

9 **Halsbandsittich** – Rufe eines Männchens, Rufe bei der Landung und beide Rufe zusammen

10 **Kuckuck** – Zweisilbiger Gesang eines Männchens, dreisilbiger Gesang eines erregten Männchens, verschiedene Rufe, andere häufigere Gesangsformen und trillernde Rufe eines Weibchens

11 **Waldohreule** – Gesang eines Männchens und Rufe von Jungvögeln

12 **Waldkauz** – Gesänge zweier Männchen, die sich antworten, tremolierender Gesang eines Männchens und Rufe eines Weibchens

13 **Mauersegler** – Flugrufe mehrerer Altvögel

14 **Grünspecht** – Gesänge dreier Männchen, Flugrufe und Rufe in Höhlennähe

15 **Buntspecht** – Rufe eines Paares an der Höhle, verschiedene häufige Rufe und Beispiele für Trommelwirbel

16 **Elster** – Gesang (sehr selten zu hören) und typische Rufe und Warnrufe

17 **Eichelhäher** – Gesang eines Männchens (selten zu hören), Imitation eines Mäusebussard-Rufs, verschiedene häufige Rufe und weitere Nachahmungen

18 **Dohle** – Flugrufe eines Trupps, verschiedene Rufe in einer kleinen Kolonie und Warnrufe

19 **Saatkrähe** – Verschiedene Rufe in einer Kolonie nach Einbruch der Dunkelheit

20 **Rabenkrähe** – Typische Rufe eines Trupps und einzelne seltenere Rufe

21 **Blaumeise** – Verschiedene Gesangsformen von Männchen, mehrere typische Rufe und Rufe bei Auseinandersetzungen

22 **Kohlmeise** – Unterschiedliche Gesänge von Männchen und typische Rufe

23 **Haubenmeise** – Verschiedene Rufe und häufige Gesangsformen

24 **Tannenmeise** – Beispiele für Gesangsformen von Männchen und unterschiedliche Rufe

25 **Sumpfmeise** – Verschiedene Gesangsformen von Männchen und unterschiedliche Rufe

26 **Haubenlerche** – Gesang eines Männchens und typische Rufe

27 **Mehlschwalbe** – Rufe am Nest und Gesang mit eingeflochtenen Rufen

28 **Fitis** – Gesang eines Männchens und Warnrufe

29 **Zilpzalp** – Gesang eines Männchens und Warnrufe

30 **Gelbspötter** – Gesänge zweier Männchen mit eingeflochtenen Imitationen

31 **Mönchsgrasmücke** – Drei Gesangsformen von Männchen und Warnrufe

32 **Gartengrasmücke** – Gesang eines Männchens und Warnrufe

33 **Klappergrasmücke** – Gesang eines Männchens und Warnrufe

34 **Wintergoldhähnchen** – Gesang eines Männchens und typische Rufe

35 **Seidenschwanz** – Gesang eines Männchens

36 **Kleiber** – Fünf unterschiedliche Gesangsformen von Männchen und einige typische Rufe

37 **Zaunkönig** – Gesang eines Männchens, Warnrufe und weitere typische Rufe

38 **Star** – Gesang eines Männchens mit Schnabelklappern, Imitationen von Mäusebussard und Pirol und Rufe einer Jungvogelschar

39 **Amsel** – Zwei Gesangsformen von Männchen, Warnrufe und andere typische Rufe

40 **Wacholderdrossel** – Gesang eines Männchens mit eingeflochtenen Rufen, Warnrufe und verschiedene andere Rufe

41 **Singdrossel** – Gesänge zweier Männchen und einige typische Rufe

42 **Grauschnäpper** – Gesang und Rufe eines Männchens

43 **Trauerschnäpper** – Gesang und Rufe eines Männchens

44 **Halsbandschnäpper** – Gesang und Rufe eines Männchens

45 **Rotkehlchen** – Zwei Gesangsformen eines Männchens, Warnrufe und verschiedene andere Rufe

46 **Nachtigall** – Gesang eines Männchens und zwei Formen von Warnrufen

47 **Hausrotschwanz** – Gesang eines Männchens und Warnrufe

48 **Gartenrotschwanz** – Gesang eines Männchens und Warnrufe

49 **Heckenbraunelle** – Gesang eines Männchens und typische Rufe

50 **Haussperling** – Strophentypen eines Männchens, Rufe einer kleinen Gruppe, Rufe bei Auseinandersetzungen und verschiedene andere Rufe

51 **Feldsperling** – Gesang eines Männchens und verschiedene Rufe einer kleinen Gruppe

52 **Bachstelze** – Gesang eines Männchens und typische Rufe

53 **Buchfink** – Zwei Strophentypen eines Männchens, zwei typische Rufe und Warnrufe

54 **Gimpel** – Gesang eines Männchens und typische Rufe

55 **Girlitz** – Gesang eines Männchens und verschiedene Rufe

56 **Grünfink** – Gesang eines Männchens, Gesang mit eingeflochtenen Rufen und Einzelrufe

57 **Stieglitz** – Gesang eines Männchens und verschiedene Rufe

58 **Erlenzeisig** – Gesänge zweier Männchen, Rufe eines kleinen Trupps und Einzelrufe

59 **Bluthänfling** – Gesänge dreier Männchen und typische Rufe

60 **Goldammer** – Gesang eines Männchens und typische Rufe